NATURAL HISTORY

從動植物至礦物，再到人類與文明，
法國博物學家的生態全書
筆記版

布豐的自然通史

布豐 Georges-Louis Leclerc, Comte de Buffon 著　伊莉莎 編譯

多樣形態、生態習性、地質結構、行為與環境
從生物多樣性到自然資源利用，探索地球生態系統的運行原理

科學知識＋人文思考

詮釋自然界的演化歷程與人類共生的重要性

目錄

前言　　　　　　　　　　　　　　　　　　　　　　005

動物：自然奧祕與生命進化　　　　　　　　　　　013

植物：從細胞到光合作用的生命奇蹟　　　　　　107

金屬：銀、銅、鉑的地質寶藏　　　　　　　　　139

礦物：穿越自然的寶藏世界　　　　　　　　　　143

從搖籃到墳墓：人類生命的奇妙旅程　　　　　　183

新我：生命的奇妙探索　　　　　　　　　　　　225

人類：思維的深度與局限　　　　　　　　　　　247

人類與大自然：一種難以理解的矛盾　　　　　　265

文明：從原始恐懼到人類文明的萌芽　　　　　　283

目錄

前言

　　大自然是一個奇妙而神祕的世界，充滿了無窮的魅力和智慧。作為地球上最古老和最豐富的生命形式，動物、植物和礦物構成了這個星球上最基本也最重要的組成部分。它們不僅塑造了地球的面貌，也深刻影響了人類文明的發展歷程。本書旨在帶領讀者踏上一段奇妙的探索之旅，揭示大自然的奧祕，感受生命的神奇。

　　在浩瀚的自然界中，動物無疑是最引人注目的主角之一。從我們身邊熟悉的家畜到神祕莫測的野獸，從自由翱翔的飛禽到深海中的奇特生物，動物以其多樣性和適應性征服了地球上幾乎每一個角落。牠們中的每一種都有其獨特的形態、習性和生存之道，展現了大自然的智慧和創造力。

　　在動物王國中，我們首先遇到的是與人類關係最為密切的家畜禽。馬和驢作為最早被馴化的動物之一，為人類的農業和交通發展做出了重大貢獻。馬以其優雅的身姿和驚人的速度成為人類的得力助手，而驢則

前言

以其堅韌和耐力贏得了人們的喜愛。牛作為農耕文明的重要支柱，不僅提供了勞動力，還為人類提供了豐富的肉類和乳製品。羊和豬同樣在人類的飲食文化中扮演著重要角色，而狗和貓則成為了人類最親密的寵物和夥伴。

當我們將目光投向野外時，一個更加豐富多彩的世界展現在我們眼前。鹿以其優雅的身姿和敏捷的步伐在森林中穿梭，狼和狐狸則以其智慧和狡黠在野外生存。獅子和老虎作為食物鏈頂端的掠食者，展現了大自然的力量與威嚴。每一種野生動物都有其獨特的生存策略和生態位，共同構成了一個錯綜複雜而又和諧有序的生態系統。

在空中，各種飛禽以其絢麗的羽毛和悅耳的鳴叫為大自然增添了無限生機。從威武的老鷹到嬌小的蜂鳥，從優雅的天鵝到機智的鸚鵡，鳥類以其驚人的飛行能力和適應性征服了天空。它們不僅是生態系統中重要的一環，也為人類帶來了無盡的靈感和欣賞。

植物王國同樣精彩紛呈。從微小的藻類到高大的喬木，植物以其驚人的多樣性和適應能力征服了地球上幾乎每一個角落。它們不僅為地球提供了氧氣，還是食物鏈的基礎，對維持生態平衡發揮著重要的作用。透過光合作用，植物將太陽能轉化為化學能，為地球上的生命提供了能量來源。

本書不僅詳細介紹了動物、植物和礦物的基本特徵和分類，更深入探討了它們在生態系統中的角色和相互關係。透過細緻的描述和生動的例子，讀者可以更容易理解自然界中錯綜複雜的平衡和相互依存。

作者還特別關注了人類與自然的關係。從最早的馴化動物和栽培植物，到現代科技對自然資源的利用，人類文明的發展與自然界息息相關。本書提醒我們，作為地球生態系統的一部分，人類有責任維護自然

平衡，實現永續發展。

　　此外，本書還包含了大量關於動植物行為和習性的有趣知識。無論是河狸築堤的技巧，還是植物的生長機制，都展現了大自然的奇妙智慧。這些知識不僅能滿足讀者的好奇心，還能激發人們對自然科學的興趣。

　　值得一提的是，本書在介紹各種生物和礦物時，也涉及了它們在人類文化中的地位和象徵意義。從古老的神話傳說到現代的文學藝術，自然界的元素一直是人類創造力的重要泉源。

　　整體而言，這是一本全面而深入的自然科學普及讀物。它不僅為讀者提供了豐富的知識，更重要的是培養了我們對自然的敬畏之心和保護意識。透過閱讀本書，我們能更容易理解我們所處的這個神奇世界，感受生命的奧祕和大自然的偉大。

▌神祕大自然：動物與植物

　　大自然是一個充滿奧祕和驚喜的世界，它包羅萬象，蘊含著無窮的智慧和美麗。在這本書中，我們將帶領讀者展開一段奇妙的旅程，探索

前言

　　動物、植物和礦物的奧祕，揭示它們的特性、習性和在生態系統中的重要作用。

　　讓我們首先來到動物的世界。動物是地球上最為多樣化和引人入勝的生物之一。從我們身邊熟悉的家畜禽到神祕莫測的野獸，再到自由翱翔的飛禽，每一種動物都有其獨特的魅力和價值。

　　在家畜禽中，馬和驢是人類最早馴化的動物之一。馬以其優雅的身姿和卓越的速度聞名，曾經是戰場上不可或缺的夥伴，如今則成為競技和休閒騎乘的寵兒。驢則以其堅韌的耐力和溫順的性格，成為農耕和運輸的得力助手。

　　牛是人類的另一個重要夥伴。耕牛為農業發展做出了重大貢獻，而水牛則在亞洲地區扮演著重要角色。羊不僅提供了肉、奶和毛，還在許多文化中具有重要的象徵意義。豬則以其高效的繁殖能力和豐富的營養價值，成為全球最重要的肉食來源之一。

　　狗和貓作為人類最親密的寵物，不僅帶給我們歡樂和陪伴，還在工作中發揮著重要作用。獵犬協助狩獵，導盲犬幫助視障人士，而貓則以其靈巧和獨立的性格贏得了無數愛好者的青睞。

　　當我們步入野獸的世界時，一個更加豐富多彩的畫面展現在我們眼前。鹿以其優雅的身姿和矯健的奔跑姿態聞名，而狼和狐狸則以其智慧和狡點著稱。獅子和老虎作為食物鏈頂端的掠食者，展現了大自然的力量與威嚴。

　　在空中，各種飛禽以其多彩的羽毛和悅耳的鳴叫為大自然增添了無限生機。從威武的老鷹到嬌小的蜂鳥，從優雅的天鵝到機智的鸚鵡，每一種鳥類都有其獨特的生存之道和迷人之處。

　　植物王國同樣精彩紛呈。從微小的藻類到高大的喬木，植物以其驚

人的多樣性和適應能力征服了地球上幾乎每一個角落。它們不僅為地球提供了氧氣，還是食物鏈的基礎，對維持生態平衡發揮著重要的作用。

在本書中，我們將深入探討植物的基本概念，了解它們的細胞結構、組織和器官。

■ 礦物萬象：自然元素到珍貴寶石

礦物是地球上最古老的物質之一，它們以各種形態存在於我們的周圍，構成了地球表面的岩石和土壤。在這個章節中，我們將一同探索礦物的奇妙世界，了解它們的分類、特性和用途。

自然元素礦物是最基本的礦物類型，包括金、銀、銅等貴重金屬，以及砷、銻等半金屬元素。這些元素礦物因其特殊的物理和化學性質而被廣泛應用於工業和日常生活中。例如，金因其良好的導電性和抗腐蝕性而被用於電子產品；銀則因其獨特的光學性質而在攝影和鏡面製造中扮演重要角色。

前言

　　硫化物和硫酸礦物是另一類重要的礦物。方鉛礦、閃鋅礦等礦物是重要的金屬礦石，而辰砂（俗名硃砂）則因其鮮豔的紅色而被用作顏料。黃鐵礦雖然看起來像金子，但實際上是一種含鐵的硫化物，常被稱為「愚人金」。

　　鹵化物礦物中最為人熟知的是石鹽，它不僅是我們日常生活中不可或缺的調味品，還在工業生產中有著廣泛的應用。而螢石因其獨特的螢光性質而在光學領域有重要用途。

　　氧化物和氫氧化物礦物種類繁多，其中磁鐵礦因其磁性而在人類歷史上扮演了重要角色，它是最早被用作指南針的礦物。紅寶石和藍寶石則是這類礦物中最珍貴的寶石，因其美麗的顏色和高度的硬度而備受青睞。

　　碳酸鹽、硝酸鹽和硼酸鹽礦物也有著廣泛的應用。方解石因其獨特的雙折射性質而在光學儀器中被廣泛使用，而孔雀石和藍銅礦則因其美麗的顏色而被用作裝飾石材和顏料。

■ 複雜人性：矛盾的綜合體

　　自然界的奇妙不僅展現在生命形態的多樣性上，更在於無生命的礦物世界中蘊含著無窮的奧祕。從重晶石到電氣石，從天藍石到青金石，每一種礦物都有其獨特的化學成分和晶體結構，展現出大自然鬼斧神工的造化。這些礦物不僅具有科學研究價值，更常被用作寶石和工業原料，與人類文明的發展息息相關。

　　然而，當我們將目光從無機的礦物世界轉向有機的人類社會時，卻發現人性的複雜程度遠超過礦物的多樣性。人的一生從童年、成年到老

年，經歷著身心的不斷變化。可惜的是，純真美好的人性常常被扭曲的習俗所束縛。割禮對男性的迫害、貞操觀念對女性的枷鎖，都是人為造成的悲劇。

人類是矛盾的綜合體，既有善良美好的一面，也有陰暗醜惡的一面。我們的表情、本性都展現著這種雙重性。而人類最寶貴的莫過於感覺能力，從最初的感知到複雜的情感體驗，構成了人生的豐富內涵。幸福、快樂、痛苦等情感讓我們的生命更有意義。

夢境則是人類心靈世界的另一個奇妙維度。它既是模糊的回憶，又是天馬行空的想像。透過探索夢的奧祕，我們可以更容易理解自己的內心世界。

總之，無論是礦物還是人類，都蘊含著無窮的奧祕等待我們去發現。唯有保持好奇心和探索精神，我們才能揭開大自然和人性的神祕面紗，獲得更深刻的智慧。

前言

動物：自然奧祕與生命進化

動物：自然奧祕與生命進化

　　自然的奧祕一直是人類探索的永恆主題。從浩瀚的宇宙到微小的生物，每一個層面都蘊含著無窮的智慧和驚奇。讓我們一同踏上這段奇妙的旅程，探索地球的形成、生命的演化，以及人類社會的發展。

　　地球作為我們的家園，其組成和結構是我們理解自然的起點。從海洋到沙漠，每一種地貌都有其獨特的形成過程和生態系統。洋流和火山活動不斷塑造著地球的面貌，創造出豐富多樣的環境，為各種生命形式提供了棲息地。

　　回溯至宇宙的誕生，我們可以想像那個充滿混沌與能量的洪荒時代。隨著時間的推移，最古老的物種逐漸出現，為地球帶來了生機。這些早期的生命形式為後來的進化奠定了基礎，最終孕育出了包括人類在內的複雜生物。

　　人類作為地球上的優勢物種，其獨特之處在於能夠改造自然、創造文明。我們建立了複雜的社會結構，從最初的野蠻部落到現代化的城市。然而，我們也必須意識到，人類與其他動物之間存在著深刻的連繫，我們都是自然演化的產物。

　　科學的發展使我們能夠更深入地理解自然法則，同時也為和平與進步提供了可能。然而，正如布豐的進化觀所示，物種並非永恆不變，退化也是可能的。這提醒我們要謹慎對待自然，維護生態平衡。

　　在探索自然的過程中，我們不僅要關注總體的演化，還要細察微觀世界的奧祕，如飛蟲社會的複雜性。這種全面的視角能幫助我們更容易理解我們在自然中的位置，以及我們對地球的責任。

■ 野性與馴服：馬的自然本質與人為改造

在自然界中，馬是一種令人讚嘆的生物，它們的優雅、力量和自由精神令人著迷。然而，人類與馬的關係卻是一個複雜的故事，充滿了征服、馴化和改造的歷程。

野生的馬是大自然的傑作，它們在廣闊的原野上自由奔馳，展現著最純粹的生命力。南美草原上的野馬就是最好的例證。它們不受人類的束縛，自主覓食、自由生活。這些馬兒呼吸著最清新的空氣，在蒼穹下隨遇而安，充分展現了大自然賦予它們的特質——強壯、矯健和敏捷。它們身上洋溢著充沛的精力和高貴的精神，這是任何人工馴養都無法複製的自然之美。

相比之下，被馴化的馬則呈現出截然不同的面貌。人類透過長期的馴養和訓練，使馬成為了忠實的夥伴和得力的助手。這些馬從小被人類養育，經過專門的訓練，最終成為人類的坐騎和勞動力。它們學會了順從人類的意志，甚至能夠揣摩主人的心思，做出相應的反應。

動物：自然奧祕與生命進化

　　然而，這種馴化過程也帶來了代價。被馴養的馬身上往往留下了奴役的痕跡：變形的嘴、滿是瘡痍的腹側、被鐵釘洞穿的馬蹄。即便解除了所有的羈絆，它們也難以重新獲得最初的活潑和自由。人類為了滿足自己的虛榮心，甚至會給馬戴上華麗的裝飾，但這些行為對馬來說，不過是另一種形式的侮辱。

　　馬的故事反映出人類與自然的關係。我們在征服和利用自然的同時，也在不斷改變和塑造它。但我們應該反思，在這個過程中，我們是否過度干涉了自然的本質？是否應該給予更多的尊重和保護，讓自然生物保持其原有的美麗和自由？這些問題值得我們深思。

從駿馬到驢：
反思外表與內在價值的平等視角

　　在大自然的馬戲團裡，馬無疑是最受歡迎的明星演員。它們優雅的身姿、高貴的氣質，以及與生俱來的溫和性格，使其成為人類最忠實的

夥伴之一。然而，在這個光芒四射的舞臺背後，還有一個被人們常常忽視的配角 —— 驢。

讓我們先來欣賞馬的美麗。馬的體態優美，比例勻稱，是大型動物中的佼佼者。它們的頭部線條流暢，既不像驢那樣呆板，也不似牛那般笨拙。馬的眼神明亮而真誠，耳朵大小適中，既不像牛耳那麼短小，也不似驢耳那般突兀。它們的鬃毛更是畫龍點睛之筆，為整個身軀增添了幾分豪邁與優雅。

馬的天性更是令人讚嘆。它們力大無窮，卻從不濫用自己的力量去欺凌弱小。它們喜歡群居，但這並非出於恐懼，而是源於對同伴的眷戀。在人類的馴化下，馬展現出了更多令人欽佩的品格：它們在賽場上奮勇向前，在戰場上無畏衝鋒，成為人類最忠誠的戰友。

然而，當我們沉醉於馬的美好時，是否曾想過驢的處境？驢雖然外表不如馬那般吸引人，但它們同樣擁有溫和良善的性格，並且更加耐勞耐苦。可悲的是，驢常常成為人類虐待的對象，被當作粗鄙農夫的玩物，遭受無端的嘲笑和毆打。

如果世界上沒有馬，驢或許就會成為人類最重要的家畜。它們擁有勻稱的身材，耐力十足，且消耗極少。然而，正是因為馬的存在，驢才淪為次等動物，被人們忽視和輕視。

這種對比不禁讓人反思：我們是否常常因為外表而忽視了內在的價值？是否應該以更平等的眼光看待自然界中的每一個生命？也許，是時候重新審視我們對驢的態度，給予它們應有的尊重和關愛了。畢竟，在大自然的舞臺上，每個角色都有其獨特的價值和意義。

驢的智慧：被低估的忠誠與堅韌

驢，這種溫和謙恭的動物，常被人們誤解為愚笨固執。然而，細細觀察，我們會發現驢身上蘊藏著一種特殊的智慧和堅韌。它們以獨特的方式適應環境，展現出令人驚訝的生存能力。

驢的飲食習慣就是一個絕佳例證。它們不挑剔食物，能夠適應艱苦的生存環境，甚至願意食用其他動物不屑一顧的粗糙飼料。這種適應能力使得驢成為人類的得力助手，特別是在資源匱乏的地區。然而，驢對飲用水卻異常講究，只在熟悉的清澈溪流中飲水，展現出對自身健康的關注。

驢的清潔習慣也值得我們讚賞。它們不像馬那樣喜歡在泥漿中打滾，反而小心翼翼地避開泥濘，保持四肢的清潔。這種行為不僅展現了驢的衛生意識，也暗示了它們對自身形象的在意。

驢對主人的忠誠度常常被低估。儘管經常遭受不公平對待，驢仍然對主人保持深厚的感情。它們敏銳的嗅覺能夠在很遠的地方就辨認出主人的氣味，這種能力既展現了它們的智慧，也展現了它們對主人的依戀。

驢的母性是另一個值得讚頌的特質。正如老普林尼所描述的，母驢為了尋找自己的孩子，甚至願意穿越熊熊大火。這種無私的愛不僅感人至深，也打破了人們對驢冷漠固執的刻板印象。

儘管驢在速度和耐力上可能不及馬，但它們的堅韌和適應能力卻是無可比擬的。驢能夠在惡劣的環境中生存，承受艱辛的勞作，這種堅忍不拔的精神值得我們尊重和學習。

整體而言，驢是一種被低估的動物。它們的智慧、忠誠和堅韌常常被人忽視，但正是這些特質使得驢成為人類最可靠的夥伴之一。也許，是時候我們該重新審視這種謙遜而堅強的生物，給予它們應有的尊重和讚賞了。

■ 耕牛的養育與訓練：農耕文明的基石

在我們探討人類文明的發展時，常常忽略了一個默默無聞的貢獻者——牛。這種溫和的生物，以其獨特的方式，深深地影響著人類社會的發展。牛不僅是農業生產的得力助手，更是人類文明的重要推動力。

牛的價值遠遠超出了我們的想像。它們不僅為我們提供了豐富的食物來源，更是農業生產中不可或缺的力量。牛的排洩物能夠肥沃土地，這一點就足以讓它們在生態系統中占據重要地位。與其他動物相比，牛對土地的利用更加合理和永續。它們不會像某些動物那樣，在短時間內將肥沃的草地變成荒蕪之地。

牛的存在對農村生活至關重要。沒有牛，農田將失去活力，農作物難以生長。牛不僅是農民的好幫手，更是整個農村社會的支柱。在許多以農業為主的國家，牛仍然是經濟發展的重要推動力。

相比於黃金白銀等象徵性的財富，牛才是真正實在的財富。它們不僅能夠創造價值，更能夠促進土地產品的發展。牛的身體結構使它們特別適合農業勞動。它們擁有厚實的頸項和寬闊的肩膀，非常適合牽引重物。此外，牛的體型龐大、性情溫和、四蹄較低，加上驚人的耐心，使它們成為耕種的理想選擇。

雖然馬的力量可能更大，但牛的耐心和穩定性使它們在農業勞動中更具優勢。牛能夠長時間專注於細碎的工作，這種能力是其他動物難以比擬的。然而，正是這些看似瑣碎的工作，塑造了人類文明的基礎。

因此，我們應該重新認識牛的價值，感謝這些無聲的功臣為人類文明做出的重大貢獻。牛不僅是農業的支柱，更是人類文明程式中不可或缺的一員。

耕牛，這種古老而忠誠的人類夥伴，在農耕文明的發展中扮演著不可或缺的角色。一頭優秀的耕牛不僅需要具備理想的體型特徵，更重要的是要有適合耕作的性格和技能。讓我們深入探討如何養育和訓練這些農耕文明的重要助手。

首先，我們要了解什麼樣的牛才是理想的耕牛。它應該體形適中，既不過胖也不過瘦。頭部要短而粗壯，大耳朵是特徵之一。身體需要壯實，毛皮平滑密實，犄角有力且富有光澤。寬大的前額和炯炯有神的眼睛是不可或缺的特徵。耕牛的鼻子應該粗大，鼻孔張開，牙齒整齊潔白，嘴唇呈黑色。寬厚的肩膀和胸部，多肉的頸部，以及能夠垂至膝蓋的頸部垂皮都是理想特徵。此外，寬厚的腰部和腹部，結實的臀部，以及粗壯有力的後肢也很重要。尾巴應該能夠觸地，末端有一小撮細毛。耕牛還需要擁有堅韌粗糙的皮膚，發達的肌肉，以及較短而寬的足趾，步伐堅定。

　　然而，僅有理想的體型還不夠，耕牛還需要有靈性，能夠理解並執行人類的指令。馴養耕牛是一個需要耐心和技巧的過程。最佳的馴養時期是在牛兩歲半左右，錯過這個時機，馴養的難度會大大增加。對於年齡較大的牛，馴養時更需要耐心和溫和的方法，絕不可使用暴力。

　　馴養過程中，可以透過輕撫和提供喜愛的食物來建立信任關係。同時，將牛角捆紮並套上頸箍，讓它與已訓練好的牛一起工作，可以幫助它更快地適應耕作。在訓練集體意識時，要讓牛群逐漸熟悉彼此，適應群居生活。

　　值得注意的是，在訓練初期應該避免使用刺棒，除非遇到特別難以馴服的情況。同時，要控制未完全訓練的耕牛的工作量和食量，直到訓練取得進展。這樣的細心照料和循序漸進的訓練，才能培養出忠誠、勤勉的耕牛，為農耕文明的發展貢獻力量。

山羊與綿羊：自然界中的表親

　　山羊和綿羊，這兩種看似相似卻又截然不同的動物，長期以來一直是人類忠實的夥伴。它們的身影遍布世界各地的牧場和山野，為人類提供了豐富的肉、奶、毛等資源。然而，這兩種動物的性格和生存能力卻大不相同。

　　綿羊生性溫順柔弱，需要人類細心照顧。它們行動緩慢，不耐長途跋涉，極易疲勞。烈日和寒風都可能對它們造成威脅，各種疾病也時刻威脅著它們的生命。母羊產崽時還常有難產的風險。相比之下，山羊則要堅強得多。它們體格健壯，動作敏捷，能在懸崖峭壁上如履平地。山羊幾乎可以吃任何草料，很少生病，不怕酷熱，只是對嚴寒的抵抗力較弱。

　　有趣的是，儘管外表和能力差異如此之大，山羊和綿羊的生理構造和繁衍方式卻十分相似。它們甚至可以相互交配，但母綿羊與公山羊的後代依然是綿羊，而非山羊。這一現象揭示了雌性在物種延續中的重要作用。雌性不僅提供了幼獸生存所需的一切，還在相當程度上決定了後代的特徵。

在自然界中，山羊和綿羊就像是一對表親。它們有著共同的祖先，卻因適應不同環境而演化出各自獨特的特徵。山羊適應了崎嶇的山地環境，變得更加強壯靈活；綿羊則在平坦的草原上生存，養成了溫順的性格。儘管如此，它們依然保留著許多相似之處，成為了自然界中一對有趣的物種組合。

■ 野豬與家豬：粗笨外表下的生存策略

　　豬這種動物雖然看起來粗笨不堪，但其實也有其獨特的生存之道。從野豬到家豬，它們都展現出了令人驚訝的適應能力和群體智慧。

　　野豬的感官特別敏銳，尤其是嗅覺。它們能夠遠遠地察覺到獵人的存在，這使得狩獵野豬成為一項極具挑戰性的任務。經驗豐富的獵人必須特別小心謹慎，選擇在夜晚或有風的時候出擊，以避免被野豬察覺。這種高度發達的感官使野豬在自然環境中具有極強的生存能力。

　　值得注意的是，野豬還擁有一套複雜的社群結構。年輕的野豬會組成小隊跟隨母親，直到足夠強壯才獨立行動。成年野豬則會形成更大的

動物：自然奧祕與生命進化

群體，在面對威脅時相互保護。它們會將老弱幼小的成員護在中間，圍成一圈共同面對敵人。這種群體行為不僅展現了野豬的社會性，也大大提高了它們的生存機會。

家豬雖然經過馴化，但仍保留了許多野性。它們難以管理，即使是經驗豐富的牧人也只能照顧 50 頭左右。牧人必需根據季節變化來調整放牧策略，讓豬能夠在不同環境中獲得最適合的食物。這種放牧方式不僅滿足了豬的食慾，也充分利用了自然資源。

儘管豬在人類眼中可能顯得粗野愚笨，但它們確實擁有自己的一套生存智慧。從敏銳的感官到複雜的群體行為，再到對環境的適應能力，都展現了豬作為物種的獨特之處。這提醒我們，在評判動物時不應僅憑外表，而應該更多地關注它們的內在特質和生存能力。

▌忠誠的夥伴：狗與人類的不解之緣

狗作為人類最親密的動物夥伴，其獨特的特質和魅力一直深深吸引著我們。這種奇妙的生物不僅擁有優美的體態和活潑的性格，更重要的

是，它們展現出了令人讚嘆的情感深度和忠誠品格。

家犬與其野生祖先相比，已經發生了巨大的轉變。野狗的凶猛本性在家犬身上逐漸被溫和的情感所取代。它們不僅喜歡親近人類，更渴望得到主人的歡心，願意為此奉獻全部的勇氣和精力。家犬對主人的關注達到了令人驚訝的程度，它們能夠從一個簡單的眼神中讀懂主人的意願。

家犬的情感世界或許不如人類複雜，但卻毫無保留地展現了最純粹的愛心和忠誠。它們沒有自私的企圖，不懷恨也不記仇。即便遭受虐待，它們也能以驚人的耐心和寬容對待主人，這種品格甚至超越了許多人類。

狗的適應能力和學習能力同樣令人讚嘆。它們能迅速理解人類的指令，甚至能模仿主人的氣質和行為舉止。在保護主人和家園方面，狗更是展現出了無與倫比的勇氣和忠誠。

從更整體的角度來看，狗對人類社會的貢獻是巨大的。它們幫助人類征服自然，馴化其他動物，甚至在維護社會秩序方面發揮著重要作用。無論是作為牧羊犬還是獵犬，它們都以自己的方式為人類文明的進步做出了貢獻。

可以說，狗是大自然賜予人類的珍貴禮物，它們不僅彌補了人類的不足，更為我們提供了無可替代的情感支持和陪伴。在這個充滿挑戰的世界中，狗無疑是人類最忠誠、最可靠的朋友。

生存的角力：
獵物機智、獵狗忠誠與貓之狡黠

在這片廣闊的自然舞臺上，獵物與獵手之間上演著一場驚心動魄的智慧較量。獵物們憑藉著與生俱來的求生本能，展現出令人嘆為觀止的生存技巧。它們不僅能夠敏銳地察覺危險的降臨，更能在逃生過程中施展各種令人驚嘆的絕技。

想像一下，一隻機警的獵物正在森林中奔逃。它會反覆行走，巧妙地掩蓋自己的蹤跡；在逃跑時，它會刻意跨越大路或柵欄，甚至蹚過溪流，以擾亂追捕者的判斷。若感到無法擺脫追逐，它還會使出更加狡猾的招數：與年幼的同類一同逃跑，將彼此的足跡混在一起，然後突然離開，讓追捕者去追逐那些倒楣的「替死鬼」。

然而，受過良好訓練的獵狗並不會輕易被這些小伎倆矇蔽。它們憑藉敏銳的嗅覺，能夠在紛亂的環境中迅速找到關鍵線索。獵狗對主人的

指令瞭如指掌，知道何時該奮力追趕，何時該停下腳步。它們以超凡的嗅覺能力和對主人的忠誠，成為獵人最得力的助手。

相比之下，貓的性格則顯得複雜多變。雖然擁有優雅的外表，但它們的本性中往往隱藏著虛偽和狡詐。貓與人類的關係更像是一種相互利用：它們為了獲得舒適的生活環境而討好人類，卻又保持著自己的獨立性。貓的眼神總是帶著一絲神祕和懷疑，很少與人直視；它們喜歡迂迴地接近人類，尋求撫摸和關注。

無論是獵物的機智求生，還是獵狗的忠誠追隨，亦或是貓的複雜性格，都展現了大自然的奇妙智慧。在這場生存的較量中，每個物種都在用自己的方式演繹著生命的意義，譜寫著自然界的精彩篇章。

雞群：社會關係與母愛奇蹟

在農場的雞舍裡，一幕幕生動有趣的場景每天都在上演。公雞昂首挺胸，目光如炬，時刻警惕著周圍的環境，彷彿一位盡職的守護者。它

對母雞們關懷備至，用不同的叫聲和表情與牠們溝通，引導牠們覓食，提醒牠們潛在的危險。這種關愛之情，不僅展現在日常生活中，更在面對威脅時表現得淋漓盡致。

當其他公雞闖入領地時，我們常能目睹一場激烈的搏鬥。雞冠殷紅、羽毛豎起的公雞們展開激烈的較量，爭奪雞群的統治權。這種領地意識透過每天固定的打鳴來強化，宣示著自己不可撼動的地位。

而母雞們則在繁衍後代方面展現出令人欽佩的奉獻精神。從孵化到撫育，母雞對幼崽的呵護無微不至。即便面對天敵的威脅，母雞也會奮不顧身地保護小雞，用自己柔弱的身軀抵擋強大的猛禽，展現出驚人的勇氣。

更為神奇的是，母雞的愛不僅限於自己的後代。即便是其他禽類的蛋，母雞也會悉心照料，將孵化出的幼崽視如己出。這種超越血緣的母愛，在動物界中實屬罕見，展現了母性的偉大與無私。

正如著名博物學家布豐所言，研究動物不應局限於單一個體，而應該全面考察整個物種的歷史。我們需要深入了解動物的棲息地、本能、繁衍週期、育幼方式等各個方面，同時也要探討它們在自然生態中的角色以及對人類的價值。這種全面而系統的研究方法，為後世的動物學研究奠定了重要基礎。透過對母雞這樣平凡卻又偉大的生命的觀察，我們不僅能更容易理解動物行為，更能深刻感受到大自然中蘊含的生命奇蹟。

■ 鹿與狍子：森林聰明舞者的生存智慧

在這片神祕的森林中，鹿和狍子如同優雅的舞者，以其獨特的方式在大自然的舞臺上演繹著生存的藝術。這兩種動物雖然有許多相似之處，但在生活習性和應對危險的方式上卻各有千秋。

鹿，這個森林中高貴的生靈，擁有敏銳的感官和警覺的天性。它們豎起耳朵，抬頭環顧四周，彷彿在聆聽大自然的細語。當危險逼近時，鹿會謹慎地尋找順風的方向，判斷是否安全。有趣的是，鹿對人類不會太畏懼，只要沒有武器和獵犬，它們甚至會大搖大擺地從人們身邊走過。

鹿的生活節奏緩慢而優雅。它們進食時從容不迫，之後尋找安靜的地方反芻。由於鹿的脖頸較長且彎曲，反芻過程比牛更為費力，每次都需要一個類似打嗝的動作。隨著季節變化，鹿的食物也隨之改變，從秋天的灌木花蕾到冬天的樹皮苔蘚，再到春天的新芽和夏天的燕麥，鹿總能找到適合自己的美食。

與鹿相比，狍子雖然體型較小，但卻更加敏捷靈活。它們擁有優美的體態和富有表情的眼睛，散發著生機勃勃的氣息。狍子喜歡選擇乾燥、空氣清新的高地棲息，展現出對生活品質的追求。

最令人驚嘆的是狍子面對危險時展現出的智慧。當被追捕時，它們不是盲目奔跑，而是運用繞圈子的策略，混淆氣味，讓追蹤者迷失方向。這種聰明的戰術常常能讓狍子成功脫險。

無論是鹿還是狍子，它們都以自己獨特的方式適應著森林的生活。鹿以其優雅和從容展現出森林的高貴，而狍子則用靈活和智慧詮釋著生存的藝術。

在森林的深處，有一種優雅而機敏的生靈——狍子。它們雖然體型不及鹿那般高大，但卻以獨特的魅力和智慧在大自然中占有一席之地。狍子的生活習性和生存策略，無不展現出這種小巧精靈的非凡之處。

狍子選擇生活在低矮樹木之間，這似乎暗示著它們在森林階級中地位較低。然而，這個選擇恰恰展現了狍子的聰明才智。低矮的樹叢為它們提供了絕佳的隱蔽之所，也讓它們能夠充分發揮自身的敏捷優勢。

觀察狍子的外表，我們不難被它們的美麗所吸引。它們擁有優美的體態，圓潤的線條，以及一雙熱情洋溢的眼睛。這些特徵不僅僅是自然的饋贈，更是狍子們精心呵護的結果。它們喜歡選擇乾燥、通風的高地棲息，遠離泥濘，保持毛皮的潔淨和光澤。這種對美的追求，彷彿是狍子對生命的熱愛和對自由的嚮往。

狍子的生存智慧在面對危險時更是展露無遺。它們比鹿更為狡黠，懂得利用自身的靈活性來擺脫追捕。當感受到威脅時，狍子不會盲目奔逃，而是巧妙地繞圈子，混淆氣味，然後悄悄隱藏起來。這種策略不僅展現了狍子的機智，也顯示了它們對自身能力的準確掌握。

有趣的是，狍子並不熱衷於群居生活。它們更喜歡以家庭為單位生活，這種選擇或許反映了狍子獨立自主的性格。在森林的世界裡，狍子用自己的方式書寫著獨特的生存篇章，展現著小型動物的大智慧。

■ 野兔：森林機敏舞者的生存智慧

野兔，這種生活在我們身邊卻又神祕莫測的生物，其生存智慧和獨特習性令人驚嘆。作為夜行動物，野兔在黑暗中覓食，以草、植物根部、樹葉等為食，尤其鍾愛味美多汁的植物。冬季時，它們甚至會啃食樹皮充飢，但卻有所選擇，從不碰橙木和椴木的樹皮。

野兔的生活作息十分規律。白天它們在洞穴中沉睡，直到夜幕降臨才外出活動，或覓食、或散步、或交配。這些害羞敏感的小動物，對周遭環境的變化極為警惕，哪怕是樹葉落地的微響都能讓它們驚慌逃竄。

值得一提的是，野兔擁有獨特的身體構造。它們的耳朵特別巨大，不僅聽覺靈敏，還能在奔跑時充當「方向盤」。野兔的前腿比後腿短，使得它們在上坡時更具優勢，這也是它們遇險時總往高處逃生的原因。與其說野兔在奔跑，不如說是在輕盈跳躍。它們腳底覆蓋著絨毛，行走時

悄無聲息。更有趣的是，野兔可能是唯一一種口腔內長毛的動物。

然而，野兔的生存並非易事。它們面臨著來自人類獵人和眾多天敵的威脅。獵人們利用野兔的習性進行捕獵，而老鷹、貓頭鷹、狐狸、狼等動物更是它們的天敵。儘管野兔奔跑速度快，但其奔跑軌跡並非直線，這反而使它們更容易被獵犬捕獲。

整體而言，野兔憑藉其靈敏的感官、獨特的身體結構和機智的生存策略，在大自然的舞臺上演繹著動人的生命樂章。它們的存在，豐富了我們對自然界的認知，也為我們提供了思考與自然和諧共處的智慧。

狼與狗：
從相似外表到截然本性的野性與馴服

狼和狗雖然外表相似，彷彿出自同一個模子，但其本性與行為卻截然不同。大自然賦予狼種種捕獵的本領：狡詐的性情、敏捷的動作、強壯的身體，使其成為一個完美的掠食者。然而，人類的敵視與獵殺使狼

不得不退居深林，生存變得困難。

飢餓時，狼會變得異常機智和勇敢。它們會冒險襲擊人類庇護下的牲畜，尤其是容易拖走的小型動物。夜晚是狼的活動時間，它們會在村莊周圍遊蕩，尋找可掠奪的目標。在極度飢餓的情況下，狼甚至會攻擊人類，這種行為往往導致自身滅亡。

狼與狗的天性大相逕庭。狗易於馴養，忠於主人，能與其他動物和平相處。相比之下，狼即使從小被人類飼養，也難改其野性。狼對群居生活充滿敵意，即便聚集也是為了獵捕大型獵物，而非彼此陪伴。

狗與狼的相遇通常以敵對告終。小狗對狼的氣味感到恐懼，而看家狗則會奮力驅趕這個威脅。若雙方相遇，要麼相互迴避，要麼不死不休。狼的殘暴本性使其甚至會吞噬同類，這與狗的溫順形成鮮明對比。

整體而言，儘管狼與狗在外表上相似，但它們的本性與生存方式卻大不相同。狼代表了野性與殘酷，而狗則象徵著馴服與忠誠，展現了自然界中近親物種也可能存在巨大差異的奇妙現象。

■ 狐狸與狼：自然界中的智慧與力量對比

在自然界中，每種動物都有其獨特的生存之道。狼和狐狸，這兩種常被人類提及的捕食者，雖然都屬於犬科動物，但在性格和生存策略上卻有著天壤之別。

狼以其強悍的體魄聞名，尤其是發達的前半身肌肉，使它能夠輕鬆叼起一隻綿羊快速奔跑。然而，狼的殘忍本性在獵捕時表露無遺，越是軟弱的獵物反而遭受更為嚴重的傷害。有趣的是，狼雖然凶猛，卻也怕死，除非迫不得已，否則不會拚命。

動物：自然奧祕與生命進化

　　相比之下，狐狸則以智慧著稱。它們不會與敵人正面衝突，而是依靠狡黠的頭腦和靈活的身手來獲取食物。狐狸善於觀察，懂得審時度勢，在適當的時機採取恰當的行動。這種謹慎和耐心的特質，使得狐狸能夠在危險的環境中更好地生存。

　　狼的生活方式更像是流浪者，不斷遊蕩尋找獵物。它們擁有敏銳的感官，特別是對血腥味極為敏感。然而，一旦落入陷阱，狼往往會失去反抗能力，任人宰割。相反，狐狸則是定居型動物，它們會為自己建造隱蔽的巢穴，既作為避難所，也是養育後代的場所。

　　在食性上，狼更偏好新鮮的肉，但在極度飢餓時也會吃腐肉。值得注意的是，狼對人肉似乎有特殊的興趣，這使得它們在某些情況下可能對人類造成威脅。狐狸則相對溫和，很少主動攻擊大型獵物或拖走動物屍體。

　　整體而言，狼代表了自然界中的蠻力與殘酷，而狐狸則展現了智慧與謀略。

狐狸是一種令人著迷的生物，其聰明機智和適應能力令人驚嘆。這種動物不僅在選擇居所時表現出高度的智慧，還能巧妙地利用周遭環境來獲取食物和保護自己。

　　狐狸的住所選擇可謂匠心獨具。它們會精心挑選最佳地勢，並在構築巢穴時特別注重入口的設計。這種對細節的關注不僅展現了狐狸的高智商，還展示了它們對生存環境的深刻理解。狐狸常常選擇在靠近人類聚居地的森林邊緣安家，這樣既能聽到家禽的聲音，又能聞到獵物的氣味，可謂位置絕佳。

　　在獵食方面，狐狸的技巧堪稱精湛。它們善於把握時機，行動隱蔽，很少失手。狐狸會多次往返於獵場和藏匿處，每次只帶走一個獵物，並將戰利品藏在不同的地方。這種謹慎的行為不僅能確保食物供應，還能降低被發現的風險。

　　狐狸的飲食習慣也相當多樣化。除了家禽和野兔等常見獵物外，它們還會捕食山鶉、鵪鶉，甚至不放過老鼠、蛇、蜥蜴等小動物。有趣的是，狐狸還喜歡蜂蜜，並發展出了對付野蜂的獨特方法。此外，它們對水果、蛋、奶製品等食物也來者不拒，顯示出驚人的適應能力。

　　在感官和發聲能力方面，狐狸同樣出色。它們擁有敏銳的感官，甚至可能超過狼。更令人驚訝的是，狐狸能發出多種音調，從嚎叫到類似孔雀的哀鳴，在不同情況下發出不同聲音，展現出複雜的交流能力。

　　整體而言，狐狸是一種極具智慧和適應性的動物。它們在選擇居所、獵食技巧、飲食多樣性以及感官能力等方面都表現出色，充分展現了大自然的神奇和生命的韌性。這些特質使狐狸成為了森林中最為成功和引人入勝的物種之一。

■ 狐狸與獾：森林獨行者的生存智慧

　　在這片神祕的森林中，狐狸和獾以各自獨特的方式生存著。狐狸是一個睡眠高手，它能夠在深沉的睡眠中保持警惕。當它蜷縮成一團時，看似毫無防備，實則隨時可以迅速醒來應對危險。有趣的是，狐狸在休息和窺視獵物時會採取相同的姿勢：後腿伸直，趴在地上。這種姿態不僅能讓它快速起身，還能迷惑潛在的獵物。

　　然而，森林中的其他生物並非那麼容易被騙。鳥雀們對狐狸既害怕又厭惡，只要發現狐狸的蹤跡，就會立即發出警告聲。尤其是聰明的烏鴉，它們甚至會跟蹤狐狸幾百公尺，不斷發出低聲警報，彷彿是森林中的活體監控系統。

　　相比狐狸的機敏，獾則顯得更為內向和謹慎。這種獨居動物喜歡在偏僻的地方築巢，大部分時間都躲在黑暗的地下洞穴中。獾的身體結構非常適合挖掘：長身短腿，前爪堅固有力。它們挖掘的洞穴錯綜複雜，像一座地下迷宮，展現了獾驚人的工程能力。

有趣的是，狐狸常常覬覦獾的住所。由於缺乏挖掘能力，狐狸會使用各種手段趕走獾，比如嚇唬、守候甚至在洞口留下氣味標記。一旦成功，狐狸就會占領洞穴，進行改造後入住。被趕走的獾通常不會走遠，而是在附近重新挖掘新家。

獾的生活習性也很有趣。它們是夜行動物，很少遠離洞穴。這種行為模式與它們的身體特徵有關：短腿讓獾跑得不快，因此一旦遇到危險，立即躲回洞穴是最佳選擇。然而，獾並非弱不禁風，相反，它們具有驚人的戰鬥力和生命力。即使面對強大的對手，獾也能憑藉堅硬的皮毛和強壯的身體進行頑強抵抗，直到生命的最後一刻。

松貂：樹間敏捷狩者的生活習性

松貂是一種極其有趣的生物，它們的生活習性和行為模式讓人不禁驚嘆大自然的奇妙。這些靈活的小動物主要棲息在茂密的樹林中，它們的家園遍布樹洞和灌木叢。與其他一些貂類不同，松貂並不喜歡岩石或洞穴，而是選擇在樹木間自由穿梭，在高大的樹冠中攀爬自如。

松貂的飲食習慣也十分獨特。它們是出色的獵手，以捕食鳥類為主。搜尋鳥巢是松貂的重要工作之一，它們會毫不留情地吃掉巢中的蛋，這種行為無疑對鳥類種群造成了不小的影響。除了鳥類，松貂的選單上還包括松鼠、田鼠和山鼠等小型哺乳動物。有趣的是，松貂還對蜂蜜情有獨鍾，這種甜美的食物似乎能為它們帶來額外的滿足感。

　　在生活區域的選擇上，松貂表現得十分謹慎。它們很少出現在開闊的野外、鄉村或農田中，更不會接近人類居住的地方。這種行為可能是為了避免與人類發生衝突，也可能是出於對自身安全的考慮。

　　當遇到危險時，松貂的反應與其近親櫸貂有著明顯的不同。櫸貂一旦察覺到狗的追蹤，會立即躲進洞穴尋求庇護。而松貂則顯得更為從容，它們會在被追趕一段時間後才悠然地爬上樹，在枝頭上俯視著下方徒勞無功的追趕者。

　　在冬季的雪地上，松貂留下的足跡頗具特色。由於它們跳躍著前進，雪地上會同時出現兩個腳印，這種獨特的痕跡容易被誤認為是某種大型動物留下的。這種行走方式不僅能夠提高移動效率，還能在一定程度上迷惑潛在的捕食者。

■ 白鼬：四季生存之道

　　白鼬是一種令人著迷的小型食肉動物，其生存策略隨著四季的變化而巧妙調整。在春夏之際，這些機敏的小獵手離開人類聚居地，轉向低窪地區、水車周圍和河岸地帶尋找新的獵場。它們善用小樹林作為掩護，耐心等待捕捉鳥雀的良機。白鼬的身體構造極為適合捕獵，狹長的體型和短小的四肢使它們能夠輕易鑽入各種狹小空間。

白鼬：四季生存之道

春天是白鼬繁衍的季節，每胎通常會有四到五隻幼崽。母鼬常選擇柳樹洞作為產房，用乾草、麥稈和樹葉精心鋪設溫暖舒適的巢穴。雖然幼崽初生時雙眼緊閉，但它們的成長速度驚人。不久之後，小白鼬就能跟隨母親外出覓食，開始學習生存技能。

隨著夏季的到來，白鼬全家出動在草原上奔跑跳躍，獵捕鵪鶉和搜尋鵪鶉蛋。它們還會勇敢地向遊蛇、鼴鼠和田鼠等動物發起攻擊。白鼬的行動方式頗為有趣，通常以小步跳躍的姿態前進，看起來有些笨拙。然而，一旦爬上樹木，它們的敏捷性便立即顯現，能夠輕鬆跳躍數公尺之遠，這一技能在捕捉樹上棲息的鳥類時尤其有用。

當秋冬來臨，白鼬的生存策略又有所改變。它們會遷移到人類居住區附近的針葉林或混交林中棲息，有時也會出現在草原、草甸和河湖岸邊的灌木叢中。更有趣的是，白鼬的毛色會隨季節變化而改變，從夏季的灰棕色背部和白色腹部，轉變為冬季的純白色皮毛，只在尾端保留一抹黑色。這種變化不僅能夠幫助白鼬在積雪環境中完美隱藏，還能夠適應嚴寒氣候。

動物：自然奧祕與生命進化

　　在針葉林與混交林的交界處，有兩種截然不同卻同樣引人入勝的小生靈：白鼬與松鼠。它們雖然體型相近，生存策略卻大相逕庭，共同演繹著大自然的生存法則。

　　白鼬是一種機敏靈活的小型食肉動物。它們身形細長，四肢短小，能夠輕鬆鑽入各種狹小空間。隨著季節變化，白鼬的毛色也會巧妙變換，夏季時灰棕色的背部與白色的腹部形成鮮明對比，冬季則全身變為純白，只在尾端保留一抹黑色，這種變色能力為它們提供了絕佳的保護色。

　　白鼬的捕食技巧令人驚嘆。它們不僅能夠輕易闖入雞舍捕食小雞，還能巧妙地吸食雞蛋。在追捕老鼠時，白鼬的優勢更是顯而易見，它們細長的身軀使其能夠輕鬆鑽入老鼠洞穴。春季，白鼬會選擇在糧倉或草堆中產崽，每胎通常有四到五隻幼崽。這些小白鼬成長迅速，很快就能跟隨母親外出覓食，捕捉各種小型動物。

　　相比之下，松鼠則是一種半野生的草食動物，以其優雅的姿態和友善的天性贏得了人類的喜愛。松鼠有著蓬鬆的大尾巴和靈活的四肢，能夠在樹枝間自如跳躍。它們主要以果實和堅果為食，偶爾也會捕食小鳥。

　　松鼠的生活習性與白鼬截然不同。它們喜歡在高大的樹林中築巢，遠離人類居住區。松鼠警惕性極高，稍有風吹草動就會迅速逃離。有趣的是，松鼠還會利用樹皮作為簡易的「船」來渡水。在冬季，它們會挖開積雪尋找先前保存的食物。

　　這兩種小動物雖然生存方式不同，但都展現了令人驚嘆的適應能力和生存智慧，共同譜寫著森林中生機盎然的生命樂章。

■ 松鼠與老鼠：自然界中的生存智慧

夏日的傍晚，樹林中傳來松鼠歡快的叫聲，彷彿在慶祝又一個美好的夜晚降臨。這些可愛的小動物白天躲在巢穴中避暑，等到夜幕低垂才出來覓食嬉戲。松鼠的巢穴是它們精心打造的家園，通常建在樹杈上，既乾淨又舒適。

松鼠搭建巢穴時展現出驚人的智慧與技巧。它們先收集小樹枝，再用苔蘚將其編紮在一起，最後用後肢擠壓使其結實。巢穴的設計巧妙，出口朝上且大小適中，還有一個圓錐形蓋子用來遮蔽雨水。這樣的巢穴不僅寬敞牢固，還能為松鼠寶寶提供安全的庇護所。

相比之下，老鼠則因為常給人類帶來麻煩而不受歡迎。它們喜歡在人類的糧倉和居所中築巢，啃咬各種物品，甚至能在牆上打洞。老鼠的繁殖能力驚人，一年可產崽數次，每胎五到六隻。儘管面臨諸多威脅，它們仍能憑藉驚人的繁殖速度生存下來。

然而，自然界有其平衡之道。當老鼠數量過多而糧食不足時，它們會自相殘殺，強者吞噬弱者，直到數量大幅減少。這種殘酷的生存法則

也適用於田鼠等其他齧齒動物。

　　老鼠雖然常被視為害蟲，但作為母親時卻展現出令人驚訝的勇氣。母鼠會不顧危險保護幼崽，甚至勇於與貓搏鬥。然而，在白鼬這樣的天敵面前，老鼠往往難以招架。

　　相比體型較大的黃胸鼠，小家鼠更為弱小和膽怯。它們不會遠離巢穴，稍有動靜就會躲回洞中。雖然小家鼠可能給人類帶來的麻煩較少，但它們面臨著更多的生存威脅，只能靠驚人的繁殖力和靈活的反應來維持種群的延續。

　　在自然界中，每種生物都有其獨特的生存智慧和策略。無論是精心構築巢穴的松鼠，還是適應力極強的老鼠，都在用自己的方式演繹著生命的奧祕。

■ 刺蝟：生存智慧與防禦藝術

　　在大自然的舞臺上，每個生物都有其獨特的生存之道。而刺蝟，這個看似乎凡的小生靈，卻以其獨特的防禦機制贏得了「大自然的防禦藝

術家」的美譽。

　　古希臘有句諺語說：「狐狸知道許多，但刺蝟專精一項」。這句話準確地描述了刺蝟的特性。雖然刺蝟沒有狐狸的機智和狡猾，但它擁有一項獨特的本領——自我保護。

　　刺蝟的力量很小，行動也不靈活。在面對攻擊時，它既無法反抗，也無法逃脫。但大自然給了它一副堅硬的帶刺盔甲，這成為了它最強大的防禦武器。當受到威脅時，刺蝟會迅速將身體縮成一個圓球，使全身布滿了銳利的刺。這種防禦姿態不僅能保護自己，還能讓敵人無從下手。

　　有趣的是，刺蝟的防禦能力與敵人的攻擊強度成正比。敵人糾纏得越厲害，刺蝟就蜷縮得越緊，渾身的刺也就越發銳利。這種被動卻高效的防禦機制，讓許多掠食者望而卻步。

　　除了物理防禦，刺蝟還有一個特殊的「化學武器」。當它感到害怕時，會本能地排出濃烈臭味和潮氣的尿液，這種氣味常常能讓敵人退避三舍。這種複合式的防禦策略，使得刺蝟在食物鏈中占據了一個相對安全的位置。

　　即便是狗這樣的天敵，面對刺蝟時也往往只能吠叫示威，很少真正去捉它。有些狡猾的狗雖然能找到方法打敗刺蝟，但往往要付出受傷的爪子和流血的嘴巴作為代價。這種「得不償失」的結果，進一步強化了刺蝟的生存優勢。

　　刺蝟的生存智慧告訴我們，在大自然中，並非只有主動進攻才能生存。有時候，一個強大的防禦系統，同樣能讓生物在激烈的生存競爭中占據一席之地。刺蝟用它的方式，詮釋了生命的韌性和大自然的奧妙。

■ 刺蝟與河貍：自然界的工程師

在我們的花園中，曾經有一群特別的小客人——刺蝟。這些小傢伙雖然渾身是刺，卻不會對人類造成傷害，反而帶給我們不少樂趣。它們喜歡在夜晚活動，以落果和小蟲子為食，有時也不介意來點肉食。我常常能在樹下、石縫或葡萄園的石堆中發現它們的蹤跡。

刺蝟的生活習性十分有趣。它們喜歡乾燥的高地，但偶爾也會在草地上現身。面對人類時，刺蝟並不會逃跑，反而會安靜地縮成一個帶刺的小球。如果你想看到它們展開身體，只需將它們輕輕放入水中。冬天來臨時，刺蝟會進入冬眠狀態，它們不需要像其他動物那樣儲存食物，因為它們本身就能長時間不進食。

說到自然界的奇妙建築師，我們不得不提到河貍。每年的六七月分，河貍們會聚集在一起，形成一個龐大的群體，有時多達兩三百隻。它們選擇的棲息地通常在水邊，如果水面平穩，它們就不需要築堤；但如果水流湍急，它們就會開始一項驚人的工程。

河狸築造的堤壩堪稱自然界的奇蹟。一道堤壩底部長度可達 27 到 33 公尺，厚度在 3 到 7 公尺之間。考慮到河狸的體型，這樣的工程規模實在令人驚嘆。它們會選擇河水較淺的地方，有時還會利用河邊倒向水面的大樹作為基礎。

河狸們分工合作，有的負責啃倒大樹，有的負責清理樹枝，還有的則在岸邊準備木樁。它們會將木樁豎立在河中，並用泥土填充縫隙。整個堤壩的結構十分精妙，既能蓄水攔水，又能承受水的重力和衝擊。

這些小小的工程師們還會根據水位的變化調整堤壩，在頂端開設排水口，遇到洪水時及時修補缺口。

河狸，這些可愛的小動物，在大自然中扮演著令人驚嘆的角色。它們不僅是出色的建築師，更是和諧社會的典範。讓我們一同探索河狸的奇妙世界，了解它們如何在自然中創造奇蹟。

河狸的築壩工程堪稱大自然的奇觀。這項浩大的工程需要整個河狸群落齊心協力才能完成。它們分工明確：有的負責啃倒樹木，有的專門處理樹枝和樹杈，還有的則負責製作木樁。築壩過程中，河狸們展現出驚人的智慧和技巧。它們巧妙地利用水流，將木樁運送到指定位置，再通力合作將其豎立。最令人嘆為觀止的是，河狸們還懂得用泥土填充木樁間的縫隙，並用尾巴將泥土拍實，確保堤壩的堅固性。

河狸的工程學知識似乎與生俱來。它們建造的堤壩底部寬闊，頂端較窄，這種設計不僅穩固，還能有效蓄水、攔水，並分散水流的衝擊力。更令人驚訝的是，河狸還會根據水位的變化調整排水口的大小，甚至能在洪水過後迅速修復堤壩的缺口。

除了卓越的建築才能，河狸的社會結構也十分有趣。它們通常以家庭為單位生活，每個家庭都有自己的住所和倉庫。一個河狸群落通常由

十幾個家庭組成，成員可達 150 到 200 個。儘管數量眾多，但河狸群落內部關係和諧，彼此互助互愛，從不搶奪他人的食物。

河狸的生活方式充滿智慧。它們的住所安全舒適，內部整潔乾淨，還設有專門的涼臺供休息使用。面對危險時，河狸會用尾巴擊水發出警報，提醒同伴躲避。這種團結互助的精神，使得河狸群落能夠在自然界中繁衍生息。

透過觀察河狸的生活，我們不禁感嘆大自然的神奇。這些小小的工程師不僅改變了河流的面貌，更為我們展示了一個和諧共處的社會典範。它們的智慧和勤勞，值得我們人類深思和學習。

■ 獅子的王國：氣候與生存之道

在這個多姿多彩的世界中，氣候對動物的影響遠比我們想像的更加深遠。讓我們一起探索氣候如何塑造了獅子這種令人敬畏的生物，以及它們如何在不同環境中展現出截然不同的特質。

獅子，這種被譽為「百獸之王」的動物，在不同的氣候條件下呈現出迥異的面貌。在炎熱的非洲或印度，烈日下生長的獅子展現出令人生畏的凶猛和力量。試想一下，在貝爾格勒或撒哈拉沙漠中遇到的獅子，其威懾力遠非生活在阿特拉斯山頂常年積雪地帶的同類可比。

這些生存在酷熱環境中的獅子，成為了旅行者最為畏懼的對象。它們肆虐於與沙漠接壤的區域，展現出無與倫比的統治力。然而，值得注意的是，即便是這樣強大的生物，其數量也在逐年減少。這一現象很可能與人類活動的擴張密切相關。

在廣袤的撒哈拉大沙漠、塞內加爾和茅利塔尼亞邊境，以及非洲和亞洲南部等人跡罕至的地方，獅子仍然保持著其原始的本色。在這裡，它們習慣於攻擊任何動物，並且常常取得勝利。這種持續的成功使它們變得更加頑強和凶悍。

然而，氣候不僅影響了獅子的體格和性情，也間接地決定了它們與人類互動的方式。那些生活在沙漠中，未曾領教過人類武器威力的獅子，往往表現得更為大膽。它們甚至勇於獨自襲擊整個商隊，即便在激烈的戰鬥後疲憊不堪，也會堅持到最後一刻。

相比之下，生活在印度或柏柏人聚居地附近的獅子，因為經常與人類接觸，已經對人類的力量有了深刻的認知。這些獅子變得更加謹慎，甚至在聽到人類的威脅性吆喝聲時就會表現得溫順，只敢襲擊小型牲畜，一旦遭到反擊就會迅速逃離。

這種鮮明的對比，生動地展現了氣候和環境如何塑造了獅子的生存之道，以及它們如何適應不同的生存挑戰。透過觀察獅子，我們不僅能更容易理解自然界的奧祕，也能反思人類與自然的關係。

獅子，這個被稱為「百獸之王」的生物，一直以來都給予人威猛、凶猛的印象。然而，透過深入觀察和研究，我們發現獅子的本性遠比我們想像的要複雜得多。它們既有令人畏懼的野性，又有令人驚訝的溫順一面。

獅子的馴服性為歷史上許多奇特的場景提供了可能。我們在古代文獻中常常看到獅子拉著凱旋戰車或參與戰鬥的描述，這些都源於獅子對主人的忠誠和服從。值得注意的是，如果從幼年開始培養，獅子甚至能與家畜和睦相處，展現出溫順親人的一面。

然而，我們絕不能忽視獅子與生俱來的野性。即便是經過馴養的獅子，其凶猛本能也隨時可能爆發。長期的飢餓或無端的虐待都可能激發獅子的憤怒，導致危險的後果。有趣的是，獅子似乎具有某種情感記憶能力，它們會記住人類的善意，也會銘記曾遭受的傷害。

獅子的外表與其內在品格相得益彰。威嚴的容貌、堅定的眼神、雄壯的體魄，無一不彰顯其王者風範。儘管體型不及某些大型動物，但獅子的身材勻稱、肌肉發達，展現了力量與靈活性的完美結合。

在捕獵方面，獅子展現出驚人的耐心和技巧。它們善於潛伏，等待最佳時機發動突襲。獅子的食量驚人，一次可以攝取足夠維持數日的食物。有趣的是，獅子喝水的方式獨特，舌頭向下卷，這使得它們喝水時間較長，效率也較低。

整體而言，獅子是一種極具魅力的動物，它們身上既有令人敬畏的野性力量，又有令人驚訝的馴服潛質。這種雙重性格使獅子成為自然界中最引人入勝的生物之一，值得我們進一步探索和了解。

草原上王者的生存智慧

獅子作為草原上的王者，擁有著令人驚嘆的生存智慧。它們的狩獵技巧精湛，身體結構也為此做出了巧妙的適應。獅子的前半身比後半身強壯許多，這使得它們在撲向獵物時能夠發揮出巨大的力量。它們跑動時採用跳躍式的姿態，雖然看起來不太平穩，但卻能夠迅速接近獵物。

獅子的感官也十分敏銳。它們的夜視能力堪比貓科動物，能在黑暗中輕易捕捉獵物的動向。獅子的睡眠時間較短，而且極易被驚醒，這種警惕性使它們能夠在危險的野外環境中生存下來。然而，關於獅子睜眼睡覺的說法似乎並無確切依據。

獅子的社交行為也很有趣。它們每天都會多次發出響亮的吼叫，特別是在雨天更為頻繁。這種吼叫不僅用於宣示領地，也是獅群之間溝通的重要方式。當獅子憤怒時，它們的叫聲會變得更加令人生畏，同時伴隨著一系列的肢體語言，如擺動尾巴、豎起鬃毛等。

隨著年齡的增長，獅子的狩獵能力會逐漸下降。年老的獅子可能會被迫接近人類居住區，尋找更容易獵捕的獵物。這種行為雖然危險，但也展現了獅子為了生存而不斷調整策略的智慧。

儘管獅子是草原上的頂級掠食者，但它們也面臨著來自人類的威脅。人類利用各種方法獵捕獅子，包括使用訓練有素的獵犬和馬匹，以及設定陷阱等。然而，即便被人類捕獲，獅子也展現出了驚人的適應能力，能夠在短時間內變得相對溫順。

　　整體而言，獅子透過其獨特的身體結構、敏銳的感官、複雜的社交行為以及靈活的生存策略，在競爭激烈的自然環境中占據了重要地位。它們的生存智慧不僅展現在狩獵技巧上，更展現在對環境變化的適應能力上，這正是獅子能夠成為草原之王的關鍵所在。

■ 老虎與豺的：嗜血獵手對比自然清道夫

　　自然界中的生物各有其獨特的生存之道，而老虎和豺無疑是其中最引人注目的代表。這兩種動物以其獨特的生存策略和行為模式，在叢林中占據了極其重要的生態位置。

老虎，這個令人生畏的大型猛獸，其凶猛程度遠超獅子。它的殘暴本性似乎源於一種永不滿足的飢渴感，即使在飽食之後仍然保持著嗜血如命的特質。老虎的狩獵方式極具攻擊性，它會毫不猶豫地連續捕殺多個獵物，彷彿沉醉於殺戮的快感之中。這種行為不僅僅是為了果腹，更像是一種與生俱來的本能驅使。

有趣的是，老虎對炎熱氣候有著極強的適應能力。在馬拉巴爾海岸和孟加拉等地區，老虎常常出沒於水源附近。這不僅是為了解渴，更是一種精妙的狩獵策略。它們利用其他動物在炎熱天氣下頻繁飲水的習性，在水源處設伏，從而輕鬆獵獲獵物。

老虎的獵食行為也極具特色。面對大型獵物如馬或牛，它們會將獵物拖入叢林深處，以確保能夠安全地享用美食。即便拖著沉重的獵物，老虎的奔跑速度依然驚人，這充分展現了它們驚人的力量和敏捷。

相比之下，豺則採取了完全不同的生存策略。它們是群居動物，通常以二三十隻甚至更多的數量結群行動。豺的飲食習性極為廣泛，從小型動物到家畜家禽，甚至是皮革製品，無所不食。更令人驚訝的是，它們甚至會挖掘墳墓，以腐屍為食。

豺的這種行為使得它們在生態系統中扮演了類似於陸地上烏鴉的角色，清理著自然界中的各種殘餘物。它們強大的適應能力和無所不吃的特性，使得豺能夠在各種艱難的環境中生存下來。

這兩種動物的生存策略雖然迥然不同，但都充分展現了大自然中物種為了生存而進化出的獨特本能。它們的行為模式，不僅僅是為了滿足飢餓，更是為了在競爭激烈的自然環境中確保自身種族的延續。透過觀察和理解這些動物的行為，我們得以一窺大自然的奧祕，領悟生命的多樣性和適應性。

野生動物的社會行為與生存智慧

自然界中的野生動物各有其獨特的生存方式和社會行為。透過觀察它們的習性，我們可以窺見動物世界的奧祕，也能更容易理解生物的多樣性。

鬣狗和豺雖然常被混淆，但實際上有很大區別。鬣狗獨居且相對安靜，主要以腐肉為食，很少主動攻擊。豺則更具攻擊性，常成群結隊嚎叫和掠奪，令人厭惡。可以說豺集合了鬣狗和狼的卑劣特性。

熊是典型的獨居動物，性格孤僻野蠻。它們喜歡隱居在人跡罕至的深山老林中，以洞穴或樹洞為家。熊的憤怒來得快去得也快，即使被馴化後也需謹慎對待。有趣的是，熊可以被訓練做一些簡單動作，甚至跟隨音樂起舞，但這需要從小開始長期訓練。熊的聽覺、觸覺和嗅覺都很發達，尤其是鼻腔構造獨特，嗅覺靈敏度遠超其他動物。

這些野生動物的行為展現了大自然的奧妙。它們各自進化出適合自

身的生存之道，有的獨來獨往，有的群體生活。無論是獨居還是群居，它們都在大自然的舞臺上扮演著重要角色，構成了生態系統中不可或缺的一環。

大象不僅是體型龐大的動物，更是智慧與情感豐富的生物。當它們被馴化後，往往會展現出令人驚嘆的溫順與靈性。大象能夠理解人類的手勢和語言，甚至能夠察覺人類的情緒變化。它們對主人的命令反應敏銳，執行時又特別謹慎。這種聰明伶俐的特質，使得大象成為人類的得力助手。

大象對人類的依戀之情十分深厚。它們會用鼻子輕輕摩擦人類以示親近，有時還會用鼻子致敬。當人類為它們披上華麗的衣飾時，大象不僅不會反感，反而似乎頗為享受這種裝扮。這種親密的互動，展現了大象與人類之間的特殊情感連繫。

在工作中，大象展現出極強的適應能力和耐力。無論是拉貨車、拖船，還是操作絞盤，大象都能勝任自如。它們不知疲倦地工作，從不氣餒。這種堅韌不拔的精神，讓人不禁對這些龐然大物肅然起敬。

然而，大象的情感世界複雜而豐富。它們對主人的依戀之情深厚無比，甚至有因誤殺主人而悲傷絕食的記載。這種深刻的情感，讓我們看到了大象柔軟而脆弱的一面，也讓我們更加理解了這種動物的內心世界。

整體而言，大象是一種既強大又溫柔、既聰明又感性的動物。它們與人類的相處之道，展現了自然界的奇妙與和諧。透過了解大象，我們不僅能夠欣賞這種生物的獨特魅力，更能夠反思人與自然的關係，學會尊重和珍惜這個星球上的每一個生命。

駱駝：沙漠中的生存奇蹟

駱駝的外形或許看起來有些怪異，尤其是那高聳的駝峰讓它顯得有些畸形。然而，正是這獨特的結構使駱駝成為沙漠中的生存專家。駝峰並非儲水器官，而是儲存脂肪的地方，可以為駱駝提供長期的能量來源。這使得駱駝能夠在缺乏食物和水的情況下長途跋涉，成為沙漠商隊不可或缺的運輸工具。

駱駝的價值遠不止於此。對阿拉伯人來說，駱駝幾乎是生存的全能助手。它們提供營養豐富的奶水，這在沙漠環境中是極其寶貴的液體來源。駱駝肉，尤其是小駱駝的肉，被視為美味佳餚。每年換下的駝毛細軟柔滑，可用於製作衣物和裝飾品，為當地人帶來可觀的經濟收益。

駱駝的生理結構也充分展現了對極端環境的適應。它們的腳掌寬大，能夠在鬆軟的沙地上行走自如而不會陷入。長而濃密的睫毛和可以緊閉的鼻孔，則能有效防止沙塵進入。此外，駱駝還能在極短時間內攝取大量水分，並將其儲存在體內，這種能力在乾旱的沙漠中尤為重要。

對阿拉伯人而言，駱駝不僅是交通工具和食物來源，更是文化和生活方式的象徵。沒有駱駝，他們的貿易活動將無法開展，生存也將面臨嚴峻挑戰。因駱駝不僅是阿拉伯人在沙漠中生存的關鍵，更是他們實施掠奪的得力助手。這種獨特的共生關係塑造了阿拉伯人的生活方式和行為模式，使他們在廣袤的沙漠中既能自給自足，又能肆無忌憚地進行劫掠。

阿拉伯人對駱駝的訓練可謂苛刻而精細。從駱駝出生開始，他們就著手培養這些動物的耐力和負重能力。他們逐步增加駱駝背上的重量，同時控制它們的飲食，延長進食間隔，減少食物供應。這種訓練不僅增強了駱駝的體能，還培養了它們在惡劣環境中生存的能力。

更令人驚訝的是，阿拉伯人還致力於提高駱駝的奔跑速度。他們以馬為參照，激勵駱駝提升速度，最終目標是讓駱駝能夠像馬一樣快速奔跑。這種速度優勢為阿拉伯人的掠奪行為提供了保障，使他們能夠迅速逃離追兵的追捕。

駱駝的耐力更是令人嘆為觀止。它們能夠連續奔跑數週，在極度缺水的情況下依然保持行進。即使在漫長的旅途中，駱駝每天的休息時間也僅有一小時，食物僅限於一個麵糰。這種驚人的耐力使阿拉伯人能夠在短時間內跨越大片沙漠，實施遠距離的掠奪行動。

然而，這種共生關係也帶來了道德上的困境。阿拉伯人利用駱駝的優勢，經常對鄰近地區進行劫掠，搶奪奴隸和財物。他們的行為幾乎從未失敗，即便面對更強大的對手，也總能順利逃脫。這種肆無忌憚的掠奪行為，使得原本自給自足、自由富裕的生活方式變得貪婪無度。

駱駝不僅是阿拉伯人的生存依靠，更是他們自由和力量的象徵。這種獨特的動物能夠在極端惡劣的沙漠環境中生存，為阿拉伯人提供了無

可替代的優勢。駱駝的耐力和速度使得阿拉伯人能夠在廣闊的沙漠中自由行動，遠離外來威脅。

然而，這種優勢也被一些阿拉伯人用於不當之處。他們利用駱駝的能力進行掠奪和搶劫，給周邊地區帶來了困擾。為了實現這些目的，阿拉伯人發展出了一套精細的駱駝訓練方法。他們從駱駝出生後就開始訓練，逐步增加負重，調整飲食習慣，提高其耐力和速度。

這種訓練方法展現了阿拉伯人對駱駝的深刻理解。他們知道如何在不傷害駱駝的情況下最大化其效能。例如，他們會逐漸延長駱駝兩餐之間的時間，同時減少食物供應量，以提高其耐受力。他們還會利用馬來刺激駱駝，提高其奔跑速度。

經過訓練的駱駝展現出驚人的能力。它們能夠連續奔跑數天，每天只需很少的休息和食物。即使在缺水的情況下，駱駝也能堅持長途跋涉。這種能力使得阿拉伯人能夠在沙漠中進行長距離、高速度的移動，無論是為了逃避追捕還是進行遠距離貿易。

儘管有些阿拉伯人將這種能力用於不當之處，但我們不能否認駱駝與阿拉伯人之間形成的獨特共生關係。這種關係不僅展現了人與動物之間的互動，更展示了人類如何適應極端環境的智慧。駱駝的存在，使得阿拉伯人能夠在沙漠這片看似不適合人類生存的土地上繁衍生息，發展出獨特的文化和生活方式。

■ 馴鹿與薩米人：在極地生存的共生關係

　　大自然的奇妙總是讓人驚嘆不已。在寒冷荒蕪的北極圈地區，我們見證了一個令人驚嘆的生存奇蹟——馴鹿與薩米人的共生關係。這種關係不僅展現了生物的適應能力，更展現了人類智慧與自然和諧共處的典範。

　　馴鹿，這種外形優雅的生物，與其近親駝鹿一樣，擁有獨特的外貌特徵。它們頸項下方的長毛，短小的尾巴，以及比普通鹿更長的耳朵，都是它們的特徵。更令人驚嘆的是它們的運動能力，輕盈的跳躍前進方式讓它們能夠在嚴酷的環境中長途跋涉而不疲倦。

　　然而，真正讓馴鹿成為薩米人生存之本的，是它們超凡的適應力和多功能性。在這片被永久凍土覆蓋，只有苔蘚和刺柏能夠生長的荒涼之地，馴鹿成為了唯一能夠被馴化的家畜。它們不僅能夠在冰天雪地中找到食物，還能為薩米人提供幾乎一切生存所需。

　　馴鹿的價值遠超我們的想像。它們不僅能像馬一樣拉車拉雪橇，更

能在冰雪覆蓋的地形上輕鬆行走。此外，馴鹿還是優質的食物來源，它們的奶比牛奶更有營養，肉質鮮美可口。甚至連它們的皮毛都是寶貴的資源，可以製成保暖的衣物和耐用的皮革。

這種人與自然和諧共存的關係，讓我們再次領悟到大自然的慷慨與智慧。在地球上的每個角落，即使是最惡劣的環境中，自然總能為生命提供生存之道。馴鹿與薩米人的故事，正是這種奇妙平衡的生動寫照，值得我們深思與珍惜。

■ 羚羊：草原精靈的優雅與勇氣

羚羊，這種優雅而神祕的生物，主要棲息在非洲和印度次大陸的廣闊草原上。它們的身姿高挑，外表與鹿相似，但卻擁有獨特的特徵。羚羊的犄角黝黑發亮，呈現出兩個優美的彎曲；身體兩側底部則有著醒目的黑色或棕色條紋，這些都是辨識羚羊的關鍵特徵。

羚羊的身體結構非常適合奔跑。它們的後腿比前腿長，這種特殊的結構使得它們在上坡時比下坡時更加輕鬆自如。羚羊的毛髮短而柔順，散發著迷人的光澤，為它們增添了幾分優雅。大多數羚羊的背部呈淺黃褐色，腹部則是純淨的雪白，兩種顏色之間還有一條棕色的帶子，巧妙地將背部和腹部的色彩分隔開來。

　　這些草原精靈不僅外表美麗，還擁有令人驚嘆的敏捷性和警覺性。在開闊的草原上，羚羊總是保持高度警惕，時刻注意周圍的動靜。它們的大眼睛明亮有神，目光深邃而柔和，難怪在東方的諺語中，人們常用羚羊的眼睛來比喻女性的美麗雙眸。

　　儘管羚羊看似膽小怕事，總是在感覺到威脅時迅速逃離，但它們其實擁有非凡的勇氣。當無法逃脫時，羚羊會毫不畏懼地面對敵人，展現出令人意想不到的勇敢。這種勇氣與它們平日裡的謹慎形成鮮明對比，顯示出羚羊性格中的複雜面。

　　無論是雄性還是雌性羚羊，頭上都長著犄角，這一點讓它們與山羊有些相似。不過，雄羚羊的角通常更粗壯、更長。羚羊的耳朵又長又直，中間寬大，頂端呈尖角狀，為它們增添了幾分機警的神態。

　　整體而言，羚羊是大自然的傑作，它們優雅的身姿、敏捷的動作以及複雜的性格，使其成為草原上最引人注目的生物之一。

■ 非洲羚羊與河馬：優雅輕盈對比水中巨無霸

　　非洲大陸上棲息著眾多神奇的生物，其中羚羊和河馬無疑是最引人注目的兩種。這兩種動物雖然在體型和生活方式上大相逕庭，但都以其獨特的魅力征服了自然愛好者的心。

動物：自然奧祕與生命進化

　　讓我們先來認識一下優雅的羚羊。這種動物以其輕盈敏捷的身姿和美麗的外表聞名。羚羊的身體呈淺黃褐色，腹部雪白，兩側還有一條棕色條紋將背腹分明地隔開。它們的犄角黝黑發亮，眼睛大而有神，目光深邃柔和，難怪東方諺語將女人美麗的眼睛比作羚羊眼。

　　羚羊的警惕性極高，在曠野中時刻注意周圍的動靜。一旦察覺危險，它們就會以驚人的速度逃離。有趣的是，羚羊的後腿比前腿長，這使得它們上坡比下坡更加輕鬆。儘管看似膽小，但羚羊在面對威脅時也會展現出令人驚訝的勇氣，勇敢地面對敵人。

　　相比之下，河馬則是一個完全不同的角色。這種體型龐大的動物雖然看起來笨拙，但卻有著令人驚訝的能力。河馬擁有強大的牙齒，尤其是下顎的兩顆長牙，咬合力驚人。有趣的是，古人認為河馬能夠吐火，可能就源於它咬住鐵器時會蹦出火花的現象。

　　河馬雖然在陸地上行動緩慢，但在水中卻如魚得水。它們能夠長時間潛水，在水下行走就如同在平地上一般自如。河馬以植物為食，消耗量巨大，有時還會對農田造成破壞。

儘管體型龐大，河馬通常性情溫順，遇到危險時更願意逃跑而非對抗。然而，一旦被激怒，河馬也會展現出驚人的攻擊性，甚至能夠掀翻船隻。

羚羊和河馬，這兩種截然不同的動物，共同構成了非洲大陸豐富多彩的生態畫卷。它們各自獨特的特徵和生存方式，不僅豐富了自然世界的多樣性，也為我們提供了無盡的研究和欣賞的樂趣。

■ 河馬與貘：水陸兩棲的巨獸與迷你版

在動物王國中，河馬和貘都是獨特而引人注目的存在。雖然它們都喜歡在水中生活，但在體型、特徵和生存能力上卻有著天壤之別。

河馬是一種體型龐大、力量驚人的動物。它的身體比犀牛稍長，但腿更短，頭部短而肥大。最引人注目的是河馬的牙齒，尤其是下顎的兩顆長牙，不僅堅硬有力，甚至能在咬住鐵器時蹦出火花。這或許是古人認為河馬能吐火的由來。河馬的臼齒更是驚人，每顆重達 2 公斤，最長

的牙齒可達 0.4 公尺，重逾 5 公斤。

儘管體型笨重，河馬在水中卻十分靈活。它能在水中待很長時間，游泳速度遠快於陸地行進。然而，在陸地上河馬就顯得笨拙了，遇到危險時常常選擇逃跑而非反擊。不過，一旦受到傷害，河馬也會展現出驚人的攻擊性，甚至能夠掀翻船隻。

相比之下，貘則是美洲大陸上體型最大的動物，但其體積也僅相當於一頭小母牛。貘沒有犄角和尾巴，四肢短小，體形呈弧形，成年後全身呈深褐色。貘的頭部又肥又長，長鼻子類似犀牛，牙齒結構獨特，與反芻動物有明顯區別。

貘性情憂鬱，喜歡在黑暗中活動，主要在夜間外出。它們通常生活在沼澤地或水邊，遇到危險時會像河馬一樣潛入水中。雖然貘擁有鋒利的牙齒，但卻是以植物和草根為食的溫順動物。貘的毛皮十分堅硬，甚至能夠抵擋子彈。

這兩種動物的對比，不僅展現了大自然的多樣性，也反映了不同大陸上動物演化的差異。河馬代表了舊大陸上體型龐大、力量強大的動物，而貘則是新大陸上相對小巧但適應力強的物種。儘管它們都喜愛水域生活，但各自的生存策略和特點卻大不相同，展現了大自然的奇妙創造力。

在神奇的美洲大陸上，大自然似乎對生命的塑造有著獨特的偏好。與亞歐大陸上那些體型龐大、氣勢磅礡的動物不同，美洲大陸的生物多顯得嬌小而別緻。這裡的造物主彷彿在創造時特別節儉，賦予了這些生靈獨特的生存智慧，而非單純的體型優勢。

讓我們先來認識一下貘，這個美洲大陸上最大的陸地哺乳動物。貘的體型雖然只有亞洲象的二十分之一，但它卻擁有令人驚嘆的適應能

力。它那憂鬱的性情和夜行的習性，使它能夠在危機四伏的叢林中悄然生存。貘的長鼻子和特殊的牙齒結構，讓它成為一個出色的植食者，能夠在沼澤地和河邊覓食各種植物和草根。

更令人驚訝的是貘的水中本領。當遇到危險時，它會像一位熟練的游泳運動員一樣，迅速潛入水中，游出很長一段距離才露面。這種能力不僅幫助它躲避天敵，也讓它能夠在水陸兩棲的環境中如魚得水。貘那堅硬緻密的毛皮，甚至能夠抵擋子彈的襲擊，這無疑是大自然賦予它的另一重保護。

再來看看羊駝，這個祕魯的驕傲。羊駝不僅為當地人提供美味的肉和優質的毛絨，更是一個出色的運輸工具。它們能夠馱起重達 125 公斤的貨物，在其他動物難以通行的險峻地形中穿行。羊駝的步伐穩健，耐力驚人，能夠連續行走四五天才需要休息。

最讓人印象深刻的是羊駝那近乎人性化的智慧。它們會小心翼翼地屈膝跪下，以防貨物損壞；聽到哨響就會緩緩起身繼續前行；甚至會在行進中邊走邊吃，充分利用時間。羊駝還懂得在晚上進行反芻，這種生存策略堪稱完美。

■ 羊駝與小羊駝：高原上的優雅生靈

在南美洲的高原上，有一種優雅而獨特的動物──羊駝。這種生物身高約 1.2 公尺，若算上脖子和頭部，可達 1.5 公尺。羊駝擁有漂亮的頭部，大眼睛和長鼻吻，厚厚的嘴唇向下垂著，給人一種溫和的印象。它們的耳朵長約 0.1 公尺，能夠靈活移動，細長的尾巴微微上翹，長約 0.2 公尺。

羊駝的外表十分引人注目，背部、臀部和尾巴覆蓋著短絨毛，而體側和腹部則長著濃密的長毛。它們的毛色多樣，有純白、純黑，還有混合色。這種獨特的毛皮不僅保護它們抵禦高原的寒冷，還使它們成為人類追捕的對象。

羊駝的飼養相當方便且經濟實惠。它們是偶蹄動物，不需要像馬那樣釘掌；厚實的毛皮也無需配鞍。更難得的是，羊駝的食量小，對食物要求不高，僅靠青草就能生存，飲水也很節制。這些特質使得羊駝成為高原地區重要的家畜。

與羊駝密切相關的還有一種體型更小的動物——小羊駝。它們的腿更短，鼻吻更緊湊，沒有犄角，絨毛呈乾玫瑰色，顏色比羊駝淺。小羊駝多生活在高山頂部，在冰雪覆蓋的環境中如魚得水。它們通常成對行動，動作輕盈敏捷，但性情膽小，極易受驚。

由於數量稀少，小羊駝曾受到特殊保護。然而，它們仍然面臨著被獵捕的威脅，主要是為了獲取其珍貴的毛皮。獵人們會採用巧妙的方法捕捉小羊駝，利用它們膽小的天性設定陷阱。不過，在小羊駝群中也不

乏勇敢者，它們會試圖突破障礙，帶領同伴逃離危險。

這些高原上的精靈，以其獨特的魅力和適應性，在南美的自然與文化中扮演著重要角色，值得我們更多的關注與保護。

在安第斯山脈的高原上，有一種優雅而獨特的生物——羊駝。這些動物身高約 1.5 公尺，擁有漂亮的大眼睛和長長的鼻吻。它們的嘴唇厚實，上唇還會向下耷拉，給人一種溫順可愛的印象。羊駝沒有門牙和大齒，但有一對靈活的耳朵，可以自由移動。它們的尾巴細長而直，略微向上翹起，增添了幾分俏皮。

羊駝的身體覆蓋著豐厚的絨毛，背部和臀部的毛較短，而體側和腹部的毛則長而蓬鬆。這些毛髮不僅保暖，還可以用來製作各種紡織品。羊駝的毛色多樣，有純白、純黑，也有混合色。它們的蹄子像牛蹄一樣叉開，使它們在山地行走時特別穩健。

飼養羊駝非常經濟實惠。它們不需要釘掌，也不用配鞍，食量小而且不挑食，青草就能滿足它們的需求。此外，羊駝還非常節制飲水，這使得它們非常適合在高原乾旱地區生存。

與羊駝相比，小羊駝體型更小，腿更短，鼻吻更緊湊。它們的絨毛呈乾玫瑰色，顏色較淺。小羊駝生活在更高的山頂上，喜歡在冰雪覆蓋的地方嬉戲。它們通常結對而行，動作輕盈，但非常膽小，一見到陌生人就會迅速逃離。

相比於這些優雅的高原生物，樹懶則是大自然中另一種極端。二指樹懶和三指樹懶被認為是自然界中最醜陋的動物之一。它們沒有牙齒，只能以樹葉和野果為食。樹懶的動作極其緩慢，爬上一棵樹可能需要數天時間。一旦爬上樹，它們就會緊緊攀附在樹枝上，直到吃光所有葉子。

當不得不下樹時，樹懶會直接放手摔下來，重重地落在地上。它們的四肢僵硬懶惰，無法在下落過程中伸展開來緩解衝力。這種獨特的生存方式使得樹懶成為許多捕食者的目標，它們的數量因此而不斷減少。

無論是羊駝的優雅還是樹懶的怪異，它們都是大自然的奇特造物，在生態系統中扮演著獨特而不可替代的角色。觀察這些動物，我們不禁感嘆大自然的神奇與多樣性。

■ 人類與動物：自然界中的本質差異

在探討人類與動物之間的關係時，我們不得不思考一個根本性的問題：是什麼使人類與其他生物區別開來？儘管表面上看，人類與某些高等動物（如猩猩）在外形上有諸多相似之處，但深入探究後我們會發現，真正區分人類與動物的核心在於靈魂、思想和語言能力。

自然界賦予了人類獨特的精神特質，這些特質與外在形態無關，而是源於內在的本質。即便猩猩擁有與人類相似的身體結構和感官系統，

它們仍然缺乏人類所具備的語言和思維能力。有人可能會質疑，這是否僅僅是教育的差異造成的？然而，即使是未經教育的野人，也擁有潛在的語言和思維能力，這一點是猴子所不具備的。

我們不應該將人類與動物之間的差異簡單地歸結為外形或生理結構的不同。事實上，造物主在創造人類時，既保留了與其他生物相似的外在特徵，又在人類體內注入了一種特殊的「仙氣」——這就是人類獨有的靈魂。正是這種靈魂的存在，使得人類能夠超越其他物種，擁有思考和表達的能力。

值得注意的是，即使在人類之間，智力的差異也並非源於身體結構的不同，而是取決於器官的品質和靈魂的存在。同理，我們不應該因為外表的微小差異就否定某些群體思考的能力。這一原則同樣適用於我們對動物的認知：雖然動物可能缺乏人類般的思維，但透過適當的訓練，它們也能展現出令人驚訝的智慧。

然而，我們必須意識到，動物的模仿能力與人類的有意識行為是有本質區別的。動物的行為更多是基於本能和身體結構的相似性，而非源於深思熟慮的意圖。真正的模仿需要有目的性和自我意識，這恰恰是大多數動物所缺乏的。

因此，儘管人類與某些動物在外形上存在相似之處，但正是靈魂的存在，使得人類能夠超越生理限制，發展出獨特的思維和語言能力。這種本質的差異，正是人類文明得以發展和繁榮的根本原因。

在探索自然界的奧祕時，我們不禁驚嘆於生物之間的差異與相似。從最聰明的大象到最愚笨的豚鼠，從與人類相似的猴子到高傲的鷹，每種生物都在智慧的階梯上占據著獨特的位置。

讓我們首先來看大象，這個成長期最長的動物。小象在出生後的第

一年完全依賴母象的照顧，但正是這漫長的撫育期，造就了它們卓越的智慧。相比之下，豚鼠雖然只需三週就能長大成熟，但其智力卻遠遠落後。這一對比突顯了成長期與智力發展之間的緊密連繫。

猴子則為我們提供了一個有趣的案例。它們與人類有諸多相似之處，成長速度快，幼年期短，但其可教育性卻遠不如人類。這一現象揭示了一個重要事實：智力的發展不僅取決於生理結構，更與社會環境和教育密不可分。人類之所以能夠發展出複雜的思維和行為，相當程度上歸功於漫長的撫育期和豐富的社會互動。

關於猴子的模仿能力，我們需要謹慎地區分介於真正的模仿與單純的動作相似性。猴子的行為可能看似在模仿人類，但實際上可能只是因為身體構造相似而產生的偶然一致。真正的模仿需要意圖和目的性，這恰恰是猴子所缺乏的。

最後，讓我們把目光投向天空中的王者——鷹。鷹的高傲與獨立，其對食物的節制與選擇，都彰顯了自然界中的一種獨特智慧。它們的行為不僅展現了生存的策略，更展現了一種近乎哲學的生活態度。

透過觀察這些動物，我們得以一窺自然界智慧的多樣性。每種生物都以其獨特的方式適應著環境，發展著自己的智慧。這啟示我們，智慧並非單一的概念，而是一個豐富多彩的光譜。在這個光譜中，人類或許站在頂端，但我們仍然有太多需要向自然學習的地方。

■ 鷹與獅子：天空與陸地的王者

鷹，這個天空中的霸主，與陸地上的王者獅子有著諸多相似之處。它們擁有相同的炯炯有神的眼睛，銳利的爪子，以及與生俱來的捕獵本

能。這兩種動物都以其凶猛和高傲聞名，使得馴養它們成為一項極具挑戰性的任務。

鷹的身體結構完美地適應了它作為空中獵手的角色。它擁有強壯的體格，結實的骨骼和緊實的肌肉，羽毛粗硬而富有光澤。鷹的雙腿和雙翼極為有力，使它能夠輕鬆地帶走如鵝、鶴這樣的大型飛禽，甚至是野兔、羊羔或小山羊等陸地動物。鷹的爪子和喙都呈彎鉤型，既是捕獵的利器，也是它野性的象徵。

作為飛得最高的鳥類，鷹一直被稱為「天禽」，在古代甚至被視為天神的使者。它們擁有極佳的視力，這是它們追捕獵物的主要依靠。然而，鷹的嗅覺相對較差，這與大多數猛禽相似。

鷹的捕獵方式展現了它的智慧和力量。當抓住獵物後，鷹會先低空飛行一段距離，似乎在測試獵物的重量。隨後，它會將獵物扔到地上，然後重新抓起帶走。這種行為不僅展示了鷹的力量，也展現了它們在捕獵過程中的謹慎和策略。

在猛禽中，鷹之所以能夠排名第一，不僅僅是因為它的力量，更重

要的是它的高貴品格。與其他一些猛禽如禿鷲相比，鷹展現出了更多的勇氣和尊嚴。鷹通常獨自捕獵，展現出非凡的勇氣和搏鬥精神。即使在面對強大的對手時，鷹也從不退縮，這種精神與獅子在陸地上的表現如出一轍。

整體而言，鷹的存在象徵著力量、自由和高貴。它們是大自然的傑作，展現了生命的頑強和美麗。無論是在天空中翱翔，還是在捕獵時展現技巧，鷹都以其獨特的方式詮釋著生命的意義，成為了我們敬畏和欽佩的對象。

■ 伯勞：小鳥戰士的勇氣與堅韌

在自然界中，體型並不總是決定一切。伯勞就是這樣一個特別的例子，它雖然身材嬌小，卻擁有令人驚訝的勇氣和力量。這種小巧玲瓏的鳥類，有著強壯有力的彎鉤狀嘴巴，是一個名副其實的「小戰士」。

伯勞之所以被歸類為食肉猛禽，是因為它對肉食的熱愛和殘忍嗜血的天性。但最令人驚訝的是它的勇敢無畏。這種小鳥竟敢與體型遠大於自己的喜鵲、烏鴉等鳥類正面交鋒，而且往往是主動挑起爭鬥，而非被

動自衛。

　　特別是在保護後代時，伯勞夫妻更顯示出驚人的勇氣和力量。當敵人闖入它們的領地時，伯勞會毫不猶豫地衝向前去，一邊發出警告的叫聲，一邊奮力攻擊入侵者。它們的怒氣和勇猛常常能夠成功驅逐敵人，讓對手不敢輕易再來冒犯。

　　更令人驚嘆的是，即使面對實力懸殊的強敵，伯勞也絕不屈服。它們會牢牢抓住敵人，寧可同歸於盡也不願放手。這種不屈不撓的精神，使得即便是凶猛的鷹也不敢輕易招惹伯勞，常常選擇遠遠避開。

　　伯勞的存在，為我們展示了自然界中的一個有趣現象：有時候，真正的力量並不在於體型的大小，而在於內心的勇氣和堅韌。這種小鳥用自己的行動證明，即使是最小的生物，也可能擁有最強大的心靈。

■ 貓頭鷹：夜幕獵手的神祕世界

　　在這片廣闊的自然世界中，每個生物都有其獨特的角色和魅力。我們剛剛談到了伯勞這種小巧但勇敢的鳥兒，現在讓我們將目光轉向夜晚的統治者──貓頭鷹。

動物：自然奧祕與生命進化

　　詩人們曾將鷹比作天王，而貓頭鷹則被尊為天后。這個稱號並非浪得虛名，因為貓頭鷹確實擁有令人敬畏的特質。雖然它的體型略小於鷹，但其獨特的外形特徵卻使它成為夜空中最引人注目的生物之一。

　　想像一下，當你在寂靜的夜晚漫步於空曠的田野時，突然聽到一聲淒厲的叫聲劃破寧靜。這聲音足以驚醒附近鳥穴中的所有鳥兒，也能讓人類聽者毛骨悚然。這就是貓頭鷹，夜間的完美獵手。

　　貓頭鷹的身體結構非常適合夜間捕獵。它那寬闊的臉龐上有一對又大又深的耳洞，能夠精確定位獵物的位置。頭頂上豎立著一對長約兩英寸的羽耳，增添了它的威嚴。最引人注目的莫過於那雙又大又亮的眼睛，黑色的瞳孔周圍環繞著橘黃色的虹膜，在黑暗中閃爍著智慧的光芒。

　　它的喙彎鉤如刀，黑亮有力，是撕裂獵物的利器。身上披覆著褐色的羽毛，背部點綴著黑點和黃斑，腹部則是黃色底色上散布著黑點和褐色條紋，這種複雜的花紋為它提供了完美的偽裝。最後，別忽視了它那雙強壯有力的爪子，從腳到趾甲都覆蓋著厚厚的橙紅色羽毛，既保暖又增添了美感。

　　貓頭鷹，這個神祕的夜行者，用它獨特的魅力征服了黑夜，成為了詩人筆下的天后，也成為了大自然中不可或缺的一員。

　　在大自然的舞臺上，每種鳥類都有其獨特的生存智慧和生活方式。從猛禽到小型雀鳥，牠們各自發展出適應環境的策略，展現出令人驚嘆的生存本能。

　　讓我們先來看看夜間的獵手——貓頭鷹。這種神祕的猛禽喜歡居住在岩洞或塔樓中，以小型哺乳動物為主要食物。牠們的獵食方式相當獨特，會將獵物整個吞下，待消化肉質後再將無法消化的毛皮和骨頭吐出。貓頭鷹的食譜相當豐富，從兔子、老鼠到蝙蝠、爬行類都在其捕獵

範圍內。牠們還會儲存多餘的食物，為後代提供充足的營養。

相比之下，鴿子則展現出截然不同的生活方式。這種優雅的鳥類介於野生與馴化之間，需要特殊的環境才願意留在人類身邊。鴿子對居所有自己的選擇，有些喜歡人工搭建的閣樓，有些則偏愛自然的樹洞。牠們以忠誠和溫和著稱，伴侶間相互扶持，共同分擔孵化和育雛的責任，堪稱鳥類中的模範夫妻。

再說到麻雀，這種機靈的小鳥總是緊貼人類生活。牠們喜歡在城市中築巢，善於利用人類活動獲取食物。麻雀的繁殖能力驚人，即使巢穴被破壞也能迅速重建。雖然麻雀常被視為害鳥，但牠們適應環境的能力和生存韌性卻令人印象深刻。

觀察這些鳥類，我們不禁讚嘆大自然的奧妙。每種鳥都找到了自己的生存之道，在生態系統中扮演著獨特的角色。無論是夜行的獵手、忠誠的伴侶，還是城市中的小機靈，牠們都以自己的方式演繹著生命的奇蹟。

■ 夜鶯與金絲雀：鳥類的音樂天賦

大自然賦予了鳥類各種獨特的才能，其中最引人注目的莫過於它們的歌唱能力。在這個廣闊的鳥類音樂世界中，夜鶯和金絲雀無疑是兩位備受矚目的明星。

夜鶯，這位樹林中的歌手，擁有令人驚嘆的天賦。它的歌聲清脆悅耳，音域寬廣，能夠傳遞到遙遠的地方。夜鶯的鳴唱是自發的，歌喉花樣百出，這是大自然的恩賜，人類的後天藝術無法對此做出任何改變。然而，夜鶯常常恃才傲物，總是試圖保護自己擁有的一切，人類對它的調教基本不發揮作用。

相比之下，金絲雀則是一位出色的室內音樂家。儘管它的歌喉不如夜鶯那般響亮，音域也較窄，但它卻擁有非凡的學習能力。金絲雀的聽覺系統非常靈敏，擅長模仿，記憶力很強。這些特質使得金絲雀非常適合與人類相處，並能夠接受人類的教育。

金絲雀的性格溫和，容易適應群居生活。它們總是熱情洋溢，即使偶爾發些小脾氣，也不會有任何惡意。這種天性讓它們與人類相處起來更加容易，並且表現出依戀和喜愛。

馴養金絲雀是一件既容易又有趣的事。它們學習能力強，很快就能適應人類的歌聲和樂器聲。金絲雀的歌喉輕柔，易於改變，它們的歌唱幾乎從不停歇，陪伴我們度過漫長的歲月，為我們帶來快樂和幸福。

金絲雀的存在能夠令青年人快樂，讓隱居的人感到喜悅，甚至能以歡快的情緒感染受束縛的人。我們可以與金絲雀近距離相處，它們的歌聲能夠喚起我們內心的感動。相較於象徵邪惡的禿鷲，金絲雀無疑是行善無窮的使者。

冬日的寂靜終將被打破，春天的腳步悄然而至。在這個萬物復甦的季節，森林中最引人注目的莫過於那些嬌小玲瓏、活潑可愛的鶯了。它們是大自然的精靈，用婉轉動聽的歌聲喚醒沉睡的世界，為萬物帶來生機與活力。

鶯的出現，如同一場盛大的音樂會拉開帷幕。它們輕盈敏捷的身影穿梭於花園、林蔭路和叢林之間，甚至在蘆葦蕩中也能看到它們的蹤

跡。這些小小的歌手們似乎無處不在，用嘹亮的歌聲將春天的喜悅傳遍每個角落。

雖然鶯的羽毛並不鮮豔奪目，多為灰白或褐色，但這絲毫不影響它們的魅力。大自然似乎將所有的心思都用在了塑造它們可愛的性情上，讓它們成為了活潑開朗、富有感情的生靈。

觀察鶯的生活，彷彿在欣賞一場充滿歡樂的表演。它們在花叢中追逐嬉戲，打鬧中又不失節制，常常以一曲婉轉的歌聲結束玩耍。這些小精靈不僅代表著多情，也象徵著忠貞。在繁衍後代時，雌雄鳥會共同照顧幼鳥，即使小鶯長大，一家人也不會輕易分開。

鶯的生活習性也十分有趣。它們喜歡在清晨飲用露珠，炎熱的夏季則會在雨後的樹葉上洗個淋浴。雖然天性膽怯，但只要危險一過，它們就會很快忘記驚嚇，重新變得歡快起來。

在眾多鶯中，黑頭鶯的歌聲最為動聽持久。即使在其他鳥兒已經沉默的季節，它的歌聲依然會在樹林中迴響。這純淨而婉轉的歌聲彷彿帶著森林的清新與寧靜，傳達著幸福的感覺，容易引起人們的共鳴。

春天，讓我們一起傾聽鶯的歌聲，感受大自然的生命力吧。這些小小的精靈用它們的方式告訴我們：寒冬已過，春天來了！

■ 南美鶴：森林中的獨特精靈

在南美洲的熱帶森林深處，棲息著一種獨特而神祕的鳥類——南美鶴。這種群居鳥類與其他鳥兒不同，它們更喜歡在山區或地勢較高的地方活動，很少在沼澤或水邊出沒。南美鶴的生活習性十分有趣，它們的飛行能力並不出眾，反而更擅長在地面上奔跑。

南美鶴對人類抱有天然的戒心，一旦遇到人類，它們會立即發出類似火雞的尖叫聲，迅速逃離。然而，令人驚訝的是，這種野生動物一旦被馴養，卻能表現出近乎狗一樣的忠誠和親近。

這種鳥類的築巢方式也頗為特別。它們不像其他鳥類那樣收集樹枝和草棍，而是選擇在大樹底部挖坑築巢，並在其中產下10到16枚蛋。這些蛋呈近乎圓球狀，比雞蛋稍大，呈淡綠色。

剛出生的南美鶴幼鳥全身覆蓋著細密的絨毛，這層絨毛比其他鳥類幼崽的絨毛保留得更久，約有5公分長，濃密柔軟，以至於有時會被誤認為是某種長有鬃毛的走獸。

雖然野生的南美鶴對人類十分警惕，但它們其實非常容易馴養。一旦被馴服，它們會對照顧者表現出驚人的忠誠和親密。它們會主動跟隨主人，在其身邊跑來跑去，表達它們的喜悅之情。有趣的是，南美鶴還會對它不喜歡的東西發起攻擊，用嘴啄對方並將之驅趕，這種行為並非出於自衛，而純粹是出於它們的任性。

南美鶴對主人的命令極為服從，並且渴望被撫摸，特別喜歡有人撓它

們的頭和頸部。一旦習慣了這種親暱的對待，它們就會變得相當纏人，不斷要求人類的愛撫。在飼養家庭中，南美鶴甚至會自行闖入飯廳，驅趕其他寵物，向人類討要食物，展現出無畏的自信和大膽的性格。

這種既野性十足又能與人類建立深厚感情的鳥類，無疑是大自然的奇妙傑作，為南美洲的熱帶森林增添了一抹獨特的色彩。

自然界中的飛禽總是能以其獨特的魅力吸引我們的目光。在這片生機勃勃的天地間，南美鶴和鶺鴒無疑是兩位引人注目的主角。它們各自以不同的方式展現著生命的活力，為我們呈現出一幅幅生動有趣的畫面。

南美鶴是一種性格鮮明的飛禽。在與狗的搏鬥中，它展現出了驚人的勇氣和智慧。利用空中優勢，南美鶴能夠巧妙地躲避狗的攻擊，同時尋找機會反擊。它的戰鬥策略非常明確——致盲對手。這種戰術不僅展現了南美鶴的聰明才智，也展示了它強烈的求生本能。

然而，南美鶴並非只有凶猛的一面。在與人類相處時，它表現出了類似狗的忠誠和親近。有趣的是，它甚至被人戲稱可以去牧羊。這種親人的特質，加上它強烈的占有欲，使得南美鶴成為了一個複雜而有趣的生物。

相比之下，鶺鴒則以其優雅的身姿和靈活的飛行技巧贏得了人們的喜愛。儘管體型不大，但那條占據了身長一半的尾巴，讓鶺鴒在空中展現出令人驚嘆的飛行技巧。它們能夠自如地控制平衡、轉身、前衝和折回，就像一位精通空中芭蕾的舞者。

鶺鴒與人類的關係更加和諧。它們不懼怕人類的存在，反而樂於在人類活動的地方棲息。無論是在水磨坊閘門邊，還是在洗衣婦人身邊，鶺鴒都能找到自己的位置。它們甚至會模仿洗衣婦人的動作拍打尾巴，這種可愛的行為為它們贏得了「洗衣鳥」的別稱。

更有趣的是，有些鶺鴒還會在牛羊群中穿梭，甚至大膽地停在牲畜

的背上。它們與牧人和諧相處，有時還充當「預警員」的角色。這種與人類和其他動物和諧共處的能力，使鶺鴒成為了田園生活中不可或缺的一部分。

■ 鷦鷯：冬日原野的歡樂使者

在法國的這片土地上，冬季的寒風呼嘯而過，大地一片蕭條。然而，在這般寂寥的景象中，有一位小小的歌手依然保持著歡欣雀躍的情緒，那就是鷦鷯。這個小精靈般的生靈，以其不屈不撓的精神和悅耳動聽的歌聲，為寒冷的季節帶來了一絲暖意和生機。

鷦鷯的歌聲可謂是大自然的傑作。它那高昂清亮的鳴叫，由一連串短促的音符組成，猶如「唏嘀哩啼」、「唏嘀哩啼」，每隔五六秒便重複一次。在寂靜的冬日原野上，偶爾會有烏鴉發出刺耳的叫聲，而鷦鷯的歌聲則如同一縷清泉，為這個寒冷的世界帶來了一絲絲溫暖。尤其是在雪花紛飛的時刻，或是寒夜難耐之際，它們的歌聲更顯得動聽悅耳。

這些小生靈的生存能力令人驚嘆。它們在農家的雞舍或柴火堆中安

家，以各種昆蟲和小動物的屍體為食。它們敏捷靈活，能夠在樹枝、樹皮、屋頂下和牆洞中自如穿梭。即便在寒冷的冬日，它們也會飛到溫泉或未結冰的小河邊飲水。觀察它們在空心柳樹中覓食的情景，令人不禁為它們的生命力所折服。

春天來臨時，鷦鷯們回到樹林中築巢。它們的巢穴堪稱自然界的藝術品，外殼由苔蘚構成，內部鋪滿柔軟的羽毛。這種設計不僅保暖舒適，還能很好地隱藏自己。巢穴中通常有 9 至 10 個蛋，顏色為灰白中帶紅斑。

鷦鷯的生活方式和習性，無不彰顯著大自然的奇妙。它們的存在，為我們這片土地帶來了無盡的生機與活力，讓我們在寒冷的冬季依然能感受到生命的熱情與活力。

■ 蜂鳥：自然界的微型奇蹟

在這個世界上，有一種小小的生物，以其獨特的魅力和驚人的能力吸引著我們的目光。它就是蜂鳥，這個自然界的微型奇蹟。蜂鳥雖然體形小巧，但卻擁有驚人的勇氣和活力。它們不懼怕體型比自己大得多的

鳥類，甚至會憤怒地追逐它們，展現出令人驚訝的膽量。

蜂鳥的生活充滿了激情和活力。它們的鳴叫聲低微而急促，「嘶卡勒不……嘶卡勒不……」的聲音在清晨的林中迴盪。隨著太陽升起，它們便展翅飛向遼闊的原野，開始新的一天。蜂鳥通常是獨來獨往的，但在築巢時卻會成雙成對。

蜂鳥的巢穴是大自然中的精美藝術品。它們用花上的細絨或小毛絮精心編織，巢穴小巧而結實，內壁軟厚舒適。築巢時，雌鳥負責建造，雄鳥則負責運送材料。它們還會用樹皮覆蓋巢穴外部，以抵禦風雨侵蝕。這些小小的巢穴通常建在樹葉間或小樹枝上，有時甚至會選擇在茅屋邊的乾草上。

蜂鳥的繁殖過程同樣引人入勝。它們的蛋小如豌豆，僅需 13 天就能孵化。幼鳥出生時體型如蒼蠅般大小，父母會輪流餵食，用沾滿花蜜的舌頭餵養後代。

然而，蜂鳥的美麗也為它們帶來了危險。人類常常試圖捕捉它們，有時是為了欣賞，有時則是為了製作裝飾品。印第安女人會用蜂鳥製作耳環，而在祕魯，人們甚至用蜂鳥的羽毛創作出精美的羽毛畫。

大自然的奇妙還展現在蜂鳥的近親蜂雀身上。蜂雀與蜂鳥在外表和生活方式上極為相似，都以其美麗、活躍和可愛的特性吸引著我們的目光。儘管如此，仔細觀察還是能發現它們的區別，尤其是在喙部的形狀上。

蜂鳥的世界充滿了驚奇和美麗，它們是大自然賦予我們的珍貴禮物，值得我們去欣賞、保護和珍惜。

■ 翠鳥與鸚鵡：獨特展現生命情趣

在大自然的舞臺上，每個生物都有其獨特的角色和魅力。讓我們將目光聚焦在兩種引人注目的鳥類身上：翠鳥和鸚鵡。它們雖然生活在不同的環境中，卻都以自己的方式展現了生命的奇妙。

翠鳥是河畔的精靈，其捕食技巧堪稱神乎其技。當水面上沒有合適的樹枝時，它會選擇在岸邊的石頭或沙礫上守候。一旦發現獵物，便會毫不猶豫地躍入水中。在寒冷的冬季，我們常能看到翠鳥在空中突然停滯，這是它在搜尋獵物的表現。面對惡劣的天氣，翠鳥不得不暫時離開小河，尋找庇護所。它的飛航模式頗為有趣：時而高飛至 15 至 6 公尺的高空休息，時而低飛至接近水面的地方尋找食物。這種不懈的努力，即使常常無功而返，也展現了生命為了生存所付出的不懈努力。

翠鳥，這種美麗而神祕的鳥類，常常被人們譽為「河畔的寶石」。它們的羽毛在陽光下閃耀著令人驚嘆的色彩，彷彿是大自然精心打造的藝術品。從鮮豔明亮的藍色背部到紅色的胸前，每一處都散發著奪目的光彩，讓人不禁聯想到最精美的寶石和琺瑯。

這些美麗的生靈不僅僅是視覺上的享受，它們還展現了驚人的適應

動物：自然奧祕與生命進化

能力。儘管最初源自炎熱的氣候區，翠鳥卻能夠適應歐洲寒冷的冬季。即使在冰天雪地中，我們仍能看到它們在結冰的溪流上覓食的身影。這種適應力讓德國人給予了它們「冰鳥」的稱號，充分展現了翠鳥的堅韌性格。

翠鳥的生活習性同樣引人入勝。它們飛行迅速，常常沿著蜿蜒的溪流掠過，同時發出尖銳的「嘰嘰嘰」叫聲。在春季，它們的鳴叫更是別具一格，即使在瀑布轟鳴的背景下也能清晰可聞。這種聲音不僅是自然的交響曲，也是翠鳥生命力的展現。

最令人驚嘆的是翠鳥的捕食技巧。它們能夠在水邊的樹枝上一動不動地守候數小時，展現出驚人的耐心。一旦發現獵物，它們會迅速俯衝入水，幾秒鐘內就能帶著獵物重返岸邊。這種精準的捕食能力，與它們絢麗的外表形成了鮮明的對比，展現了自然界的奇妙平衡。

翠鳥的存在不僅豐富了我們的自然世界，也為我們提供了觀察和思考的機會。它們的美麗、適應力和獨特的生活方式，都在提醒我們自然界的神奇和多樣性。每一次遇見翠鳥，都是一次與自然之美的親密接觸，讓我們在忙碌的生活中找到片刻的寧靜與驚喜。

翠鳥的築巢方式也別具一格。它不會自己動手，而是巧妙地利用其他動物如水鼠或蟹蝦挖好的洞穴。透過進一步的挖掘和修整，翠鳥將這些洞穴改造成自己的家園。雖然從外表看，這些巢穴可能與翠鳥的形象不太相符，但確實是它們孕育後代的搖籃。

相比之下，鸚鵡則是人類的親密夥伴。它透過模仿人類的語言，與我們建立了一種獨特的連繫。鸚鵡不僅僅是一種寵物，更像是一個能夠陪伴、交流的朋友。它們的存在為人類帶來了精神上的慰藉和歡樂，遠勝於其他僅能提供實際用途的動物。

鸚鵡的語言模仿能力令人驚嘆。它們似乎能夠感知人類的情緒，並作出相應的反應。有時，它們會說出意想不到的話語，引人發笑；有時，又能說出恰到好處的話，讓人感到驚喜。這種無意識的語言遊戲，雖然看似滑稽，卻往往比某些乏味的人類演說更能打動人心。

透過模仿，鸚鵡似乎融入了人類的情感世界。它們展現出各種人性化的特質，如愛憎分明、依戀、嫉妒等。在不同的場合，鸚鵡能夠適時地表現出歡樂或悲傷，彷彿真的理解了人類的喜怒哀樂。

無論是翠鳥還是鸚鵡，它們都以自己獨特的方式豐富了我們的世界，讓我們更深刻地體會到生命的多樣性和奇妙。

■ 啄木鳥：孤獨勞動者的辛勤生活與生態角色

啄木鳥可能是被大自然強迫以捕獵為生的鳥類中，最辛勞的鳥了。它的一生都在工作，或者說一輩子都在苦幹。與其他鳥類相比，啄木鳥似乎天生注定要辛苦勞作。它的生存方式要求它必須不斷地啄穿堅硬的樹皮，剝開樹幹密實的硬纖維，才能找到隱藏其中的食物。

這種生活方式使啄木鳥成為一個孤獨的勞動者。它沒有休息和娛樂的時間，甚至在夜裡睡覺時，也保持著白天勞動時的姿勢。它不能像其他鳥類那樣輕歌曼舞，也無法參加百鳥的合奏音樂會。它發出的叫聲永遠透著孤獨，聲調悽慘而悲涼，彷彿在訴說著勞作的艱辛。

　　大自然賦予啄木鳥的特殊構造，似乎都是為了適應它的艱苦生活。它的爪子有四根厚實強勁的腳趾，前端長著粗壯的彎爪，能夠牢牢地攀附在樹幹上。它的喙鋒利挺直，形狀像鐵錘，末端呈方形，是天然的啄木工具。它的頭頸粗短，強勁的肌肉配合發力，控制著喙的啄鑿動作。它的舌頭細長，末端有又尖又硬的骨質，能夠深入樹洞捕捉昆蟲。

　　啄木鳥的尾巴也是專門為攀爬設計的。由十根翎羽組成的尾巴彎曲向內，末端整齊，兩邊長著硬毛。這種構造使啄木鳥能夠在樹上採用倒懸的姿勢，更好地控制身體平衡，便於啄樹。

　　啄木鳥的生活完全圍繞著樹木展開。它在樹洞內居住，稍微再挖空一些就成為它的巢穴。即使是雛鳥，雖然有翅膀，也注定要圍著樹幹攀爬，進進出出都離不開樹。

　　這種生活方式造就了啄木鳥獨特的性格和行為。它長得不好看，動作急促，神態焦慮，生性孤僻，很少與同類來往。然而，正是這種孤獨而勤勉的特質，使啄木鳥成為森林中不可或缺的一員，在生態系統中扮演著重要角色。

■ 鸛鳥：大自然的忠誠與孝順使者

　　在自然界中，有一種鳥類以其獨特的行為和品格贏得了人類的讚譽和敬佩。這就是鸛鳥，一種優雅而神祕的生物，它不僅是春天的使者，更是忠誠、孝順和友愛的象徵。

鸛鳥的生活習性十分有趣。每年 5 月初，我們可以看到它們飛往德國，在此之前，它們會在法國各地停留。鸛鳥總是會回到原本居住的地方，即使舊巢被毀，它們也會重新築造。人們為了吸引鸛鳥築巢，會在房頂上放置車輪或木箱，這種習慣在一些歐洲國家至今仍在延續。

鸛鳥的外形和行為也很引人注目。它們休息時常常單腿站立，脖頸蜷曲，頭向後縮，靠在肩上。它們的視覺非常敏銳，能輕易發現獵物。鸛鳥走路時步伐很大，姿態優雅，與鶴相似。當它們生氣或不安時，會發出「咯咯」的響聲，這種聲音被古羅馬人稱為「響板之聲」。

然而，最令人稱奇的是鸛鳥的品格。它們天性溫和，易於馴化，能與人類和諧相處。鸛鳥對主人充滿感激之情，甚至會在出入時發出聲音，似乎是在向主人打招呼。更為難得的是，鸛鳥對老弱同類表現出特別的關愛和照顧，年輕強壯的鸛鳥會將食物送給年老衰弱的同類。

這種行為讓人聯想到人類社會中的孝道。古希臘人甚至以鸛鳥的行為為依據制定了贍養父母的法律，並將其命名為「鸛」。埃及人也因鸛鳥的這種品格而對其產生了崇敬之情。時至今日，人們仍然相信鸛鳥的到來能帶來幸福，這種信念可能源自古人對鸛鳥美德的讚揚。

動物：自然奧祕與生命進化

　　鸛鳥的故事啟示我們，自然界中的生物也能展現出高尚的品格。它們的行為不僅豐富了我們對動物世界的認知，也為人類樹立了良好的榜樣，讓我們在觀察和讚嘆自然奇蹟的同時，也能反思自身的行為和價值觀。

■ 鸛與鷺：靈活應變與固守成規

　　自然界中的生物各有其獨特的生存之道，而鷺與鸛這兩種鳥類在生存策略上的差異，恰恰為我們提供了一個絕佳的對比樣本。鸛以其靈活的生存智慧和親和的天性贏得了人類的喜愛，而鷺則以其固執的生存方式和冷漠的性格讓人感到些許惋惜。

　　鸛的生存之道可謂靈活多變。它們不僅擁有敏銳的視覺，能夠輕易發現獵物，還懂得選擇合適的捕食環境，如沼澤地、水邊或潮溼的山谷。更重要的是，鸛展現出了極強的適應能力。它們不僅可以被人類馴化，還能在人類的園子裡生活，為人類清除害蟲和爬行動物。這種與人類和諧共處的能力，不僅延長了它們的壽命，還使它們能夠抵禦嚴寒的冬季。

鸛的社會性也是其成功生存的關鍵。它們對同類表現出極大的關愛，特別是對老弱同類的照顧。年輕強壯的鸛會將食物送給疲憊衰弱的同類，這種行為不僅展現了鸛的高尚品格，也增強了整個群體的生存能力。此外，鸛對子女的悉心照顧和保護，更是確保了種族的延續。

相比之下，鷺的生存策略就顯得過於固執和被動。它們採用的是等待戰術，長時間一動不動地埋伏在同一地點，等待獵物自投羅網。這種策略在食物豐富的時候或許還行之有效，但在資源匱乏的情況下，卻可能導致飢餓甚至死亡。更令人費解的是，即使面臨生存威脅，鷺也不願意改變自己的生存方式，甚至不願遷徙到氣候更為宜人的地方。

鷺的這種固執不僅展現在捕食方式上，還表現在其對環境變化的反應上。當被人類捕捉並囚禁時，鷺寧可絕食也不願接受人類提供的食物。這種行為雖然可以被解讀為對自由的渴望，但從生存的角度來看，無疑是極其不智的。

透過對比鸛與鷺的生存之道，我們不禁要問：在面對生存挑戰時，是應該像鸛一樣靈活應變，還是像鷺一樣堅持己見？答案似乎不言而喻。然而，這個問題或許並不僅僅關乎動物，也值得我們人類深思。在面對人生的種種挑戰時，我們是否也應該學會靈活應變，而不是固守成規？這或許就是大自然透過鸛與鷺這兩種鳥類，想要告訴我們的生存智慧。

▌鶴群：天空中的和諧與秩序

在自然界中，鶴展現出令人驚嘆的智慧和適應能力。它們不僅擁有出色的飛行技能，還擁有高度發達的社交行為。這種群居鳥類的生活方式為我們揭示了大自然中的和諧與秩序。

鶴的飛行能力堪稱鳥類中的翹楚。它們能夠飛到極高的高度，遠超其他鳥類所能達到的高度。在飛行時，鶴群保持著近乎完美的等邊三角形隊形，這種結構不僅能夠有效地減少空氣阻力，還能讓整個群體在長途飛行中節省能量。當遇到強風或遭遇天敵時，鶴群會迅速調整陣型，緊密地聚集在一起，以應對潛在的威脅。

鶴的飛行習慣也反映了它們對自然環境的敏銳感知。透過觀察鶴群的飛行方式和高度，我們可以預測天氣的變化。例如，當鶴群在白天鳴叫或降低飛行高度時，往往預示著暴風雨的來臨。相反，如果看到鶴群在清晨或傍晚平靜地飛翔，則通常意味著天氣晴好。

鶴的社會行為更是令人稱奇。它們會選出一個領頭鶴來引導整個群體，這種行為展現了鶴群中的秩序和智慧。領頭鶴不僅負責指引方向，還要在群體休息時擔任警戒的角色。當其他鶴在睡眠時，領頭鶴保持警惕，隨時準備發出警報。這種高度組織化的行為使得亞里斯多德將鶴稱為「結群共樂的鳥類之首」。

每年秋季，鶴群開始了它們的遷徙之旅。從北方的繁殖地向南方溫暖的越冬地遷徙，是鶴生命週期中的重要環節。這段漫長的旅程需要群

體的通力合作和高超的導航能力。鶴群飛越多個國家和地區，展現了自然界中最壯觀的遷徙奇觀之一。

在秋季的天空中，我們常能看到一幅壯觀的畫面：成群結隊的鳥兒在高空中飛翔，它們或是排成優雅的「人」字形，或是整齊的一字排開。這些空中舞者正是鶴、雁和野鴨，它們正在進行一年一度的遷徙之旅。

鶴群的飛行方式不僅展現了它們的智慧，還能為我們預示天氣的變化。當鶴群在白天鳴叫時，往往預示著將有雨水；若叫聲變得嘈雜尖利，則可能暗示暴風雨即將來臨。相反，如果在清晨和傍晚看到鶴群安然飛翔，那通常是晴好天氣的徵兆。鶴的警惕性極高，夜晚休息時還會設立崗哨，由領頭鶴負責警戒。

雁群的飛行更是令人驚嘆。它們通常排成「人」字形，這種幾何排列不僅展現了雁的智慧，還能有效減少空氣阻力，降低飛行疲勞。領頭雁承擔著最艱巨的任務，當它疲憊時會退到隊尾休息，由其他雁輪流替代。這種互助合作的精神，使得雁群能夠長途跋涉，完成漫長的遷徙旅行。

野鴨的遷徙則顯得更為謹慎。每年 10 月中旬，第一批野鴨會如同先遣隊一般抵達法國，到了 11 月，大批野鴨才會蜂擁而至。它們的警惕性極高，降落前會在空中盤旋偵察，確認安全後才會緩緩降落在遠離岸邊的水域。即使在水中，也會有專門的野鴨負責警戒，一旦發現危險就會立即發出警報。

這些鳥兒的遷徙之旅不僅展現了大自然的神奇，也向我們詮釋了團結、智慧與警惕的重要性。它們的飛行方式、生存策略都值得我們深思與學習。當我們仰望天空，看到這些空中舞者時，不妨停下腳步，細細品味這壯觀的自然奇觀。

■ 野鳥：秋季山林間的生活與獵捕

秋日的山林，是一場精彩絕倫的野鳥舞曲。隨著季節更迭，各種鳥類展現出獨特的生活習性，為大自然增添了無窮魅力。同時，這也是獵人們引頸期盼的季節，他們與野鳥展開一場智慧與耐心的較量。

野鴨是秋季獵捕的主角之一。傍晚時分，獵人們藏身於草叢中，靜待野鴨群的到來。他們巧妙地利用家養母鴨作為誘餌，吸引野鴨降落。當夜幕低垂，獵人們必須把握稍縱即逝的機會。有時，他們會選擇布網的方式，以求一網打盡。然而，這種獵捕方式需要極大的耐心和毅力，常常會讓獵人們凍得發抖，甚至染上風寒。儘管如此，獵捕的樂趣總是能戰勝身體的不適，讓他們一次又一次地踏上獵場。

山鷸是另一種深受獵人喜愛的候鳥。每年10月中旬，它們會從高山下降到丘陵和平原地區。山鷸喜歡在茂密的樹林中棲息，善於隱藏自己。它們的飛行速度很快，但不能持續太久，常常會突然降落。在地面上，山鷸跑得飛快，常常讓獵人撲空。它們的繁殖期通常在夜間，雄鳥會在樹林上空盤旋尋找配偶。

土秧雞是一種獨特的鳥類，很少飛行，卻能在草叢中快速穿梭。它們的叫聲十分特別，像是用手指撥弄梳子齒的聲響。每年 5 月初，我們就能聽到土秧雞的叫聲，與鵪鶉的鳴叫相映成趣。

這些野鳥的生活習性不僅展現了大自然的神奇，也為獵人們帶來了挑戰與樂趣。秋季的山林，正是一個充滿生機與奧祕的舞臺，上演著野鳥與獵人之間永恆的追逐遊戲。

■ 土秧雞：奔跑的草地精靈

土秧雞，這種看似乎凡的鳥兒，卻擁有令人驚嘆的生存智慧和適應能力。它們在草叢和沼澤中穿梭自如，彷彿這片綠色的世界就是為它們而生的舞臺。當我們深入觀察這種鳥兒的行為時，不難發現它們身上蘊含著大自然的奧祕。

在面對獵犬的追捕時，土秧雞展現出令人驚嘆的智慧。它們巧妙地利用獵犬的衝勁，在千鈞一髮之際突然停下，讓追捕者撲了個空。這種靈活的戰術不僅展現了土秧雞的機智，更顯示了它們對周圍環境的精準

掌控。它們善於利用對手的失誤，迅速反向逃離，這種策略往往能讓它們成功脫險。

雖然土秧雞的飛行能力看似笨拙，但這恰恰反映了大自然的巧妙設計。它們更偏愛用雙腳奔跑，在茂密的草叢中穿行如風。那細瘦的身軀成了它們的優勢，使它們能夠輕鬆地在蘆葦叢中穿梭。土秧雞的奔跑路線變幻莫測，這不僅是為了躲避天敵，也是它們適應複雜地形的絕佳方式。

土秧雞這種看似乎凡的鳥類，其實擁有許多令人驚嘆的生存智慧。它們靈活敏捷的身手和獨特的逃生技巧，使它們在面對天敵時總能化險為夷。當獵犬緊追不捨時，土秧雞會巧妙地利用對手的弱點，讓獵犬在高速追逐中失去方向，然後迅速逃離危險。它們還會突然停下縮成一團，讓追擊者因慣性衝過頭，給自己爭取逃跑的寶貴時間。

這些聰明的小鳥深知自己的優勢和局限。它們飛行能力有限，姿勢笨拙，但卻能用驚人的奔跑速度彌補這一缺陷。土秧雞更善於利用地形優勢，在茂密的草叢和蘆葦叢中穿梭自如。它們細瘦的身材成了穿越沼澤地的天然優勢，讓追捕者望塵莫及。

最令人驚訝的是，這些平日看似不善飛行的鳥兒，在遷徙季節卻能展現出驚人的毅力和飛行能力。它們選擇在夜間藉助風力，飛越遙遠的距離，甚至跨越地中海。這段艱辛的旅程充滿危險，許多土秧雞可能會葬身大海，但仍有不少能夠完成這項壯舉。

土秧雞的生存智慧告訴我們，生命的奧妙往往超出我們的想像。它們靈活運用自身優勢，巧妙應對各種挑戰，在看似不可能的情況下創造奇蹟。這些小小的生靈用自己的方式詮釋了適者生存的法則，為我們展示了大自然的神奇和生命的頑強。

然而，最令人驚訝的是，這些看似不擅長飛行的鳥兒，在遷徙季節卻能展現出驚人的飛行能力。它們能夠跨越地中海，這種壯舉不僅證明了生物的潛能，也揭示了大自然的神奇。儘管這段旅程充滿危險，許多土秧雞可能會葬身海底，但它們仍然勇敢地踏上這條艱辛的路途，這種堅韌不拔的精神令人敬佩。

土秧雞的故事告訴我們，生命總能找到最適合自己的生存之道。它們的生活方式，既展現了個體的聰明才智，也展現了物種在長期進化中形成的生存策略。觀察這些小生命，我們不僅能領略大自然的奧妙，更能體會到生命的頑強與美好。

■ 空中雜技與水中霸者：小辮鴴、鴴與鵜鶘

在大自然的舞臺上，鳥兒們用各自獨特的方式演繹著生命的精彩。讓我們一起走進小辮鴴、鴴和鵜鶘的世界，欣賞它們的生活百態。

小辮鴴是空中的雜技大師。它們不僅能連續飛行很長時間，還能在空中展現各種令人驚嘆的姿勢。側身飛行、仰腹飛行對它們來說都是輕而易舉的事。這些天真活潑的小精靈們在春暖花開時成群結隊地造訪牧

場,為綠色的麥田增添了一抹生機。

最讓人稱奇的是小辮鴴捕食蚯蚓的技能。它們憑藉敏銳的觀察力發現蚯蚓的蹤跡,然後用足部踩踏地面,迫使蚯蚓鑽出地面。這種智慧的捕食方式,展現了大自然的奧妙。到了夜晚,它們又會用腳感知地面上的昆蟲,展現出驚人的夜間捕食能力。

而被稱為「雨鳥」的鴴,則是隨著秋雨的到來而現身法國各地。它們的生活節奏隨著季節的變化而改變,總是在尋找新的覓食地。鴴群中的「警衛」們時刻保持警惕,為同伴的安全把關。它們在空中形成的獨特陣型,更是自然界的一道奇觀。

鵜鶘則因其獨特的外形和傳說中的形象而備受關注。它們龐大的體型和寬闊的翅膀使它們成為水禽中的佼佼者。鵜鶘的捕食方式既高效又富有策略,無論是獨自行動還是群體合作,都展現出非凡的智慧。

這些鳥兒的生活方式不僅展現了大自然的奇妙,也讓我們看到了生命的多樣性和適應能力。它們的故事提醒我們,在這個繽紛的世界裡,每個生命都有其獨特的價值和魅力。

■ 海洋之王:軍艦鳥的傳奇飛行

在浩瀚的海洋上空,有一種鳥兒以其驚人的飛行能力和強悍的性格而聞名,它就是軍艦鳥。這種海洋精靈不僅是所有帶羽翼的飛行者中飛行最出色、最強勁有力也是飛得最遠的,更是海上的真正霸主。

軍艦鳥那巨大的翼展可達 3 至 4 公尺,甚至有些個體可達 4.6 公尺。這對巨翼賦予了它們無與倫比的飛行能力。在湛藍的天空中,它們優雅地滑翔,看似毫不費力,卻能在瞬間如利箭般俯衝向獵物。更令人驚嘆

的是，軍艦鳥能夠輕鬆飛越數十公里的海域，甚至在必要時徹夜飛行，直到找到食物豐富的海域才停歇。

這種非凡的飛行能力不僅使軍艦鳥成為遠洋航行者的夥伴，也讓它們在暴風雨中找到庇護。當狂風驟雨來襲時，軍艦鳥會衝上雲霄，飛到暴風雨的上方尋求安寧，展現出驚人的適應能力。

軍艦鳥的捕食技巧同樣令人嘆為觀止。它們善於利用飛魚躍出水面躲避掠食者的瞬間，俯衝而下精準捕獲。有時，它們會緊貼海面飛行，用喙或爪子靈活地抓取獵物，展現出驚人的敏捷性和準確性。

然而，軍艦鳥的強悍不僅展現在捕食技巧上，還表現在它們對其他海鳥的控制力上。它們常常脅迫其他鳥類，如千鳥，迫使它們吐出已經吞下的魚，因此贏得了「戰鳥」的稱號。這種掠奪行為甚至偶爾會延伸到人類身上，充分展現了它們作為海上霸主的地位。

■ 天鵝：大自然的優雅君王

　　自古以來，動物世界中的統治者往往依靠暴力和武力來維持其霸主地位。然而，在這個弱肉強食的叢林法則中，有一位與眾不同的君王脫穎而出——那就是天鵝。它不僅以其優雅的姿態征服了水禽世界，更以其高尚的品格贏得了人類的尊重和喜愛。

　　天鵝的統治之道與其他動物截然不同。它不靠凶殘和暴力，而是憑藉高尚、尊嚴和寬厚等美德來創造一個和平的水上王國。雖然天鵝擁有強大的戰鬥力，但它從不濫用武力，只有在自衛時才會展現其威力。這種克制和智慧使它成為了一個受人敬仰的領袖。

　　在天鵝的統治下，水禽世界呈現出一派和諧的景象。它不僅是一位君主，更是眾多水禽的朋友和守護者。天鵝要求的僅僅是安寧與自由，它給予他人多少，便會得到多少回報。這種平等互惠的關係使得整個水禽社會自然而然地臣服於它的領導。

　　大自然似乎特別青睞天鵝，賦予它無與倫比的美麗外表。優雅的體態、圓潤的形貌、高貴的氣質，無不令人讚嘆。無論是靜立時的端莊，

還是遊動時的灑脫，天鵝都散發著令人陶醉的魅力。這種與眾不同的魅力使它成為了愛情和美麗的象徵，甚至在希臘神話中也占有一席之地。

天鵝不僅是自然界的美學奇蹟，更是完美的航行模型。它的身體結構彷彿就是為了在水面上優雅滑行而設計的。從優美的頸部曲線到寬闊的腹部，從有力的翅膀到靈活的腳蹼，每一個部位都恰到好處地發揮著作用，使它成為水禽中的航行冠軍。

天鵝一直是人類想像力的豐富來源，既是優雅與力量的象徵，也是神祕與浪漫的化身。在古人眼中，天鵝不僅是一種美麗的水鳥，更是具有超凡魅力的生物。它們的生活習性和行為特徵引發了無數詩意的聯想，成為文學、藝術和哲學中反覆出現的主題。

天鵝的智慧和力量令人印象深刻。與家鵝相比，天鵝展現出更高的智慧，不僅在覓食方面更為精明，還能靈活運用各種技巧捕捉魚類。它們的力量同樣令人敬畏，即使面對強壯的狗也毫不畏懼，其翅膀的力量足以傷及人類。這種力量與勇氣的結合，使天鵝成為一種令人尊敬的生物。

然而，最引人入勝的莫過於關於天鵝歌聲的傳說。古人相信，野生天鵝擁有美妙的歌喉，特別是在生命的最後時刻。這種臨終的天鵝之歌被描繪成一種深情的告別，充滿了對生命的眷戀和對死亡的接納。這個動人的傳說深深打動了古希臘的詩人、演說家和哲學家，成為一個廣為流傳的美麗寓言。

儘管現代科學可能會質疑這個傳說的真實性，但它的價值遠遠超越了事實的界限。這個故事觸動了人類對生命、死亡和藝術的深層思考，為敏感的心靈提供了慰藉。正是這種富有詩意的想像，使得「天鵝之歌」成為描述偉大天才最後輝煌時刻的完美比喻。

在探索天鵝的神祕魅力時，我們不僅看到了自然界的奇妙，更領略到了人類想像力的無窮力量。無論是天鵝的實際特性還是圍繞它們的傳說，都豐富了我們的文化遺產，讓我們在欣賞自然之美的同時，也能感受到古人智慧的深邃。

■ 鵝：被低估的家禽之王

在動物世界中，我們常常忽視了那些被認為是「次等」的生物，而將讚美與關注都給予了所謂的「高等」動物。然而，這種比較往往是不公平且片面的。讓我們將目光轉向鵝，這種常被低估的家禽，我們會發現它們實際上擁有許多令人驚嘆的特質。

鵝的外表或許不如天鵝優雅，但它們獨特的魅力卻不容忽視。肥胖的身軀、扁平的喙、修長的脖子，以及整潔光亮的羽毛，都為鵝增添了一份獨特的氣質。更值得一提的是，鵝的性格特徵使它們成為了人類忠誠的夥伴。它們強烈的群居本能和對人類的依戀之情，使得鵝與飼養者之間能夠建立起深厚的感情紐帶。

鵝的智慧也常常被人們低估。事實上，它們的警惕性極高，這種特質自古以來就為人所知。在人類歷史的長河中，鵝曾多次擔任過「守衛」的角色，用它們響亮的鳴叫聲警示危險的到來。這種機警的本性，加上它們對環境的敏感度，使得鵝成為了不可多得的「活體警報器」。

　　從實用的角度來看，鵝對人類的貢獻也是多方面的。它們不僅提供美味的肉食，柔軟的羽毛更是製作衣物和書寫工具的上佳材料。想像一下，此刻我們用來記錄思想的毛筆，正是源自於這些被低估的生靈。

　　飼養鵝的過程相對簡單，它們能夠適應各種環境，甚至可以與其他家禽和諧共處。然而，為了讓鵝群健康成長，我們仍需要為它們提供適宜的生活環境。寬闊的水邊空地和新鮮的青草，是鵝群最理想的棲息地。

■ 孔雀：大自然中的美麗與愛情表演

　　在這個奇妙的動物王國中，如果美麗能夠決定統治權，那麼孔雀無疑會成為眾生之王。它集萬千寵愛於一身，彷彿是大自然精心雕琢的藝術品，每一根羽毛都是造物主的得意之作。

想像一下，在春日的陽光下，一隻雄孔雀悠然漫步。它的身姿挺拔，舉止優雅，頭上的冠羽輕輕搖曳，彷彿在向世界宣告自己的存在。突然，一隻雌孔雀出現在視野中，雄孔雀的眼神瞬間變得熱切起來。

接下來發生的一幕，堪稱是大自然最為壯觀的表演之一。雄孔雀緩緩展開它那華麗無比的尾羽，猶如一把巨大的孔雀石扇子徐徐展開。在陽光的照耀下，每一根羽毛都閃耀著奪目的光芒，彷彿天空中的彩虹突然降臨在地面上。

這不僅僅是一場視覺的盛宴，更是一場愛情的舞蹈。雄孔雀優雅地轉動身體，讓那些絢麗的色彩在陽光下產生變幻莫測的效果。它的每一個動作都充滿了激情與柔情，彷彿在向心愛的雌孔雀傾訴著自己的愛意。

然而，這樣的美麗並非永恆。每年的換羽期，孔雀都會躲到陰暗處，等待新的羽毛重新長出。這個過程彷彿是一次重生，當它再次出現在陽光下時，又會以全新的姿態迎接世界的讚美。

有趣的是，孔雀似乎能夠感受到人們的讚美。如果你用欣賞的眼光注視它，它會更加賣力地展示自己的美麗。反之，如果無人欣賞，它可能會收起羽毛，將那些絢麗的色彩隱藏起來。

■ 大自然的歌唱家：山鷸、嘲鶇與夜鶯

在大自然的舞臺上，每一種生物都有其獨特的生存之道。山鷸、嘲鶇和夜鶯這三種鳥類，以各自不同的方式在自然界中展現了令人驚嘆的智慧和才能。

大自然的歌唱家：山鶉、嘲鶇與夜鶯

　　山鶉以其聰明的策略保護後代。當遇到危險時，雄山鶉會故意引開敵人的注意力，假裝行動遲緩易捕，實則巧妙地將敵人引離幼鶉所在地。同時，雌山鶉則悄無聲息地將幼鶉帶往安全之處。這種分工合作的方式，展現了山鶉為了後代安全所付出的努力和智慧。

　　嘲鶇則以其出色的歌喉聞名。它不僅能模仿其他鳥類的聲音，還不斷練習以完善自己的歌聲。嘲鶇的歌唱不僅僅是為了吸引異性或宣示領地，更像是一種自我表達和藝術創作。它們在歌唱時會配合翅膀的動作，彷彿在跳舞，展現了高超的藝術天賦。此外，嘲鶇還以其獨特的飛行方式展示自己的技能，在空中畫出優美的軌跡。

　　夜鶯被譽為自然界最傑出的歌手之一。它的歌聲富有變化，能夠表達複雜的情感，從未重複相同的旋律。即便是在其他鳥類中也堪稱出色的歌手，如雲雀、金絲雀等，與夜鶯相比仍有所不及。夜鶯的歌聲不僅僅是一種聲音，更像是一種藝術，能夠打動人心，讓聽者聯想到春天夜晚的美好景象。

　　這三種鳥類用各自的方式詮釋了生命的意義。無論是為了保護後代的機智，還是為了自我表達的藝術創作，都展現了大自然的奇妙和生命的韌性。它們的故事告訴我們，在自然界中，每一種生物都有其獨特的生存之道和價值所在。

動物：自然奧祕與生命進化

　　在這個萬物復甦的季節裡，「春天合唱隊」的領唱者夜鶯以其獨特的歌喉為我們獻上一首大自然的頌歌。這位天賦異稟的歌手，以其精湛的技巧和豐富的情感，為我們描繪出一幅生機盎然的春日畫卷。

　　夜鶯的演唱會總是以一種略顯猶豫的前奏開場。它彷彿在為即將到來的精彩表演進行最後的調音，同時也在悄悄地吸引著觀眾的注意力。這種含蓄的開場白很快就會被充滿自信和熱情的主旋律所取代。

　　接下來，夜鶯開始展現其驚人的音樂才華。它的歌聲中包含了各種音樂元素：響亮的琵琶音、輕快的和弦、迸發的音群，無一不是那樣清晰流暢。即便是表達哀怨情緒的音調，也蘊含著柔和的韻律，聽來優美動人，令人心醉。

　　夜鶯的歌聲不僅僅是一種聲音的表現，更是情感的流露。它時而歡快，時而憂傷，彷彿在訴說著生命中的喜怒哀樂。這種真摯的情感表達能夠觸動聽眾的心弦，喚起人們內心深處的共鳴。

　　在夜鶯的演唱中，我們還能聽到許多巧妙安排的休止符。這些看似無聲的片刻，卻在整體的音樂結構中扮演著畫龍點睛的角色，為聽眾留下想像和回味的空間。

　　夜鶯的音樂才能遠超其他鳥類。在其鳴唱中，我們能辨識出多達16種不同的音調。它不僅能夠即興發揮，還能靈活地變換音符，展現出令人嘆為觀止的音樂造詣。其寬廣的音域和響亮的歌聲更是能夠傳遞到遙遠的地方，尤其在寂靜的夜晚，更顯得餘音繞梁。

　　每一次聆聽夜鶯的歌聲，都是一次全新的體驗。它那變化多端的旋律總能給人帶來驚喜，讓人期待著下一個音符的到來。這就是大自然的魔力，透過夜鶯的歌喉，為我們奏響了一曲生命的讚歌。

◼ 戴菊鶯：自然界的微型逃脫大師

　　戴菊鶯，這種體形極小的鳥兒，堪稱自然界中的微型逃脫大師。它們的靈巧程度令人驚嘆，普通的捕鳥網對它們形同虛設，各種籠子的羈絆也難以困住它們。即使被關在看似嚴密的房間裡，它們也能找到最微小的縫隙逃之夭夭。

　　在花園和林間，戴菊鶯更是展現出令人嘆為觀止的隱匿能力。它們能夠在轉瞬間消失在樹木草叢中，利用最窄小的空間藏身。這種神奇的逃脫能力使得獵捕戴菊鶯變得異常困難。常規的獵槍和鉛彈對它們來說都太過笨重，唯有使用最細小的沙礫才有可能捕獲完整的戴菊鶯。

　　即便被捕鳥籠、黏鳥枝或細網捉住，戴菊鶯也常常能在人們還沒反應過來時就悄然逃脫。它們的叫聲尖厲刺耳，與蟋蟀的叫聲相似，這一點曾讓古希臘哲學家亞里斯多德誤將其與鷦鷯混淆。

　　戴菊鶯的築巢技巧同樣令人驚嘆。它們將苔蘚和蛛網巧妙編織成空

103

心球形的巢穴，內部填充柔軟的絨毛。雌鳥在巢中產下豆粒大小的蛋，每次六到七枚。這些精巧的巢穴常見於樹林中，有時也會出現在花園或宅院的松樹上。

在覓食方面，戴菊鶯主要以小型昆蟲為食。夏季它們在飛行中捕捉小蟲，冬季則在隱蔽處搜尋。它們對捕捉昆蟲幼蟲尤其擅長。有趣的是，這些小鳥因體型過小而易於貪食，有時甚至會因吃得太急而被噎住或撐死。除了昆蟲，它們在夏天也會享用小漿果和種子。雖然曾有人看到它們在柳樹洞中覓食，但從未在它們的嗉囊中發現過小石子。

■ 燕子與雨燕：兩種空中的精靈

燕子和雨燕，這兩種空中的精靈，各自以獨特的方式演繹著飛行的藝術。燕子，那優雅的空中舞者，以其輕盈靈活的身姿在天空中自由翱翔。它們閉著嘴巴飛行，不像夜鶯那樣發出低沉的「嗡嗡」聲。儘管翅膀相對較短，但燕子憑藉超強的視力，能將雙翅的力量發揮到極致，展現

出令人讚嘆的飛行技巧。

對燕子而言，飛行不僅是一種生存方式，更是生命的全部。它們在空中進食、飲水、洗澡，甚至餵養幼鳥。燕子的飛行軌跡宛如一幅變幻莫測的畫卷，時而俯衝，時而滑翔，時而追逐昆蟲，時而躲避猛禽。它們在空中勾勒出複雜的圖案，讓人難以用語言或筆墨描繪。

相比之下，雨燕則是另一種風格的空中藝術家。它們擁有更長的翅膀，飛行速度更快，飛得更高。然而，雨燕的地面生活卻顯得笨拙。它們幾乎不會主動降落，一旦落地就難以起飛。這種獨特的身體結構使得雨燕將大部分時間都花在空中，地面對它們而言成了一種障礙。

雨燕的築巢習慣也頗為有趣。它們喜歡在城市的高處建造簡單的巢穴，比如樓房的牆洞、鐘樓或高塔。每年，它們都會回到同一個築巢點，展現出驚人的記憶力和方向感。有趣的是，雨燕不會占據其他鳥類的巢穴，反而有時需要禮貌地「請出」占據了它們巢穴的不速之客。

這兩種鳥類的生活習性也各具特色。燕子全天活動，盡情享受飛行的樂趣。而怕熱的雨燕則喜歡在中午高溫時躲在巢穴中，清晨和傍晚才出來活動。它們的飛行姿態變化多端，時而盤旋，時而排成一行，時而突然抖動雙翅，為觀察者留下了許多未解之謎。

每年七月初，一場壯觀的自然奇觀悄然展開。雨燕，這種靈巧的飛行者，開始為即將到來的遷徙做準備。它們的行為變化微妙而明顯，彷彿在向我們訴說著季節更替的故事。

傍晚時分，空中突然熱鬧起來。成群的雨燕聚集在一起，數量驚人。它們來自四面八方，有些甚至遠道而來，只是路過這裡。這些小精靈似乎約定好了，每天黃昏都要舉行一場盛大的聚會。它們圍繞著鐘樓飛行，宛如在進行一場精心編排的飛行表演。

随著太阳西沉，雨燕们的欢聚达到高潮。它们发出响亮的鸣叫，振翅高飞，直到消失在我们的视线之外。即便如此，它们的叫声依然在空中迴盪，久久不散，彷彿在向我们道别。

雨燕的生活习性十分有趣。白天，它们在城市或平原上空翱翔，捕捉飞虫。但到了夜晚，它们却选择在树林中栖息。这种选择并非偶然，因为树林不仅为它们提供了筑巢的场所，还是昆虫的聚集地，为它们提供了丰富的食物来源。

随著时间推移，城市中的雨燕也开始加入这场大迁徙。它们与其他同伴汇合，组成浩大的队伍，共同飞向气候更为宜人的地方。这场壮观的迁徙，不仅是为了寻找更适合的生存环境，也是大自然生命循环的一部分。

雨燕的迁徙，犹如一场精心策划的演出，展现了大自然的神奇魅力。它提醒我们，即使是最微小的生命，也在演绎著生命的奇蹟，而我们有幸成为这场奇蹟的见证者。

植物：從細胞到光合作用的生命奇蹟

植物：從細胞到光合作用的生命奇蹟

植物的世界充滿了令人驚嘆的奧祕，從最微小的細胞到複雜的器官系統，每一個層面都展現了生命的精妙設計。讓我們一起深入探索這個奇妙的世界，揭開植物生命的神祕面紗。

細胞是生命的基本單位，而細胞液則是細胞中的重要組成部分。細胞液中豐富的物質使其保持高濃度，直接影響著細胞的滲透壓和水分吸收。液泡在這個過程中扮演著關鍵角色，它的膨脹和收縮決定了植物葉子的舒展或萎蔫。這種微觀世界的變化，直接反映在我們肉眼可見的植物外觀上。

隨著植物的進化，細胞開始分化成不同的組織，以適應各種生理功能的需求。分化程度越高的植物，其結構越複雜，適應環境的能力也就越強。被子植物就是一個絕佳的例子，它們高度分化的組織結構使其在自然界中占據了優勢地位。

植物的組織可以分為六大類：分生組織（Meristematic Tissue）、基本組織（Ground Tissue）、表皮組織（Epidermal Tissue）、維管組織（Vascular Tissue）、機械組織（Mechanical Tissue）和分泌組織（Secretory Tissue）。這些組織各司其職，相互配合，共同推動植物的生長發育。當這些組織按照特定順序排列組合時，就形成了具有特定功能的器官。

在植物的世界裡，被子植物擁有最完整的器官系統，包括根、莖、葉、花、果實和種子。這六大器官各自承擔著重要的生理功能，共同維持著植物的生命活動。相比之下，其他類型的植物如裸子植物、蕨類植物和苔蘚植物的器官系統則相對簡單。

植物最令人讚嘆的能力莫過於光合作用。透過這一過程，植物不僅為自己提供了必要的養分，還為地球上的其他生物提供了賴以生存的氧氣和食物。英國科學家普利斯特利的實驗揭示了植物淨化空氣的神奇能

力，這一發現徹底改變了人類對植物的認知，也開啟了對植物更深入研究的大門。

■ 細胞核與粒線體：植物細胞的生命引擎

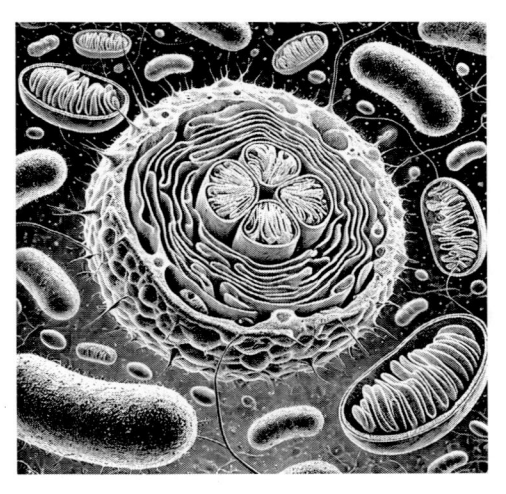

在這個微觀的世界裡，每一個植物細胞都是一個精密而複雜的小宇宙。讓我們一起探索這個奇妙的世界，了解細胞核和粒線體這兩個重要的細胞器官如何成為植物生命的引擎。

細胞核可以說是細胞中的「指揮中心」。它不僅控制著細胞的各項活動，還掌管著遺傳訊息的傳遞。想像一下，在這個小小的核心裡，有著決定整個植物未來發展的藍圖。細胞核由核膜、染色質、核仁和核液組成，其中最引人注目的是染色質。這些看似普通的物質實際上是由DNA構成的，而DNA中的鹼基排列順序就像是一本詳細的說明書，記載著植物生長發育的所有訊息。

在細胞核旁邊，我們會發現另一個重要的細胞器官——粒線體。如

果說細胞核是指揮中心，那麼粒線體就是細胞的「發電站」。這些豆形的小器官雖然看起來不起眼，卻擔負著為細胞提供能量的重要任務。透過呼吸作用，粒線體將糖分解為二氧化碳和水，同時釋放出大量的能量。這些能量以三磷酸腺苷（adenosine triphosphate、縮寫：ATP）的形式儲存，就像是細胞的「能量貨幣」，可以被用於各種需要能量細胞的活動中。

　　細胞核和粒線體的協同工作使得植物細胞能夠維持正常的生命活動。細胞核負責發出指令，而粒線體則為這些指令的執行提供必要的能量支持。這種精妙的配合使得植物能夠生長、發育、適應環境變化，甚至抵抗各種壓力。

　　在這個微觀世界中，每一個細胞器官都有其獨特的功能和重要性。細胞核和粒線體的存在，讓我們看到了生命的奇妙和複雜。它們的合作，就像是一臺精密的機器，驅動著整個植物的生命過程。透過了解這些細胞器官的功能，我們不僅能夠更容易理解植物的生命活動，還能夠對生命本身產生更深刻的認識和敬畏。

■ 自然奇蹟：植物的光合與蒸散作用

　　在這個生機勃勃的世界中，植物以其獨特的方式默默地支撐著地球生態系統的平衡。它們沒有動物那樣的消化系統，卻能夠透過光合作用這一神奇的過程，將陽光、二氧化碳和水轉化為生命所需的養分。

　　想像一下，在陽光普照的日子裡，每一片綠葉都是一個微型的「綠色工廠」。葉子內部的葉綠體就像是精密的機器，不知疲倦地將太陽能轉化為化學能，製造出維持生命的葡萄糖。這個過程不僅為植物自身提供了生長所需，更為地球上的其他生物創造了生存的基礎。

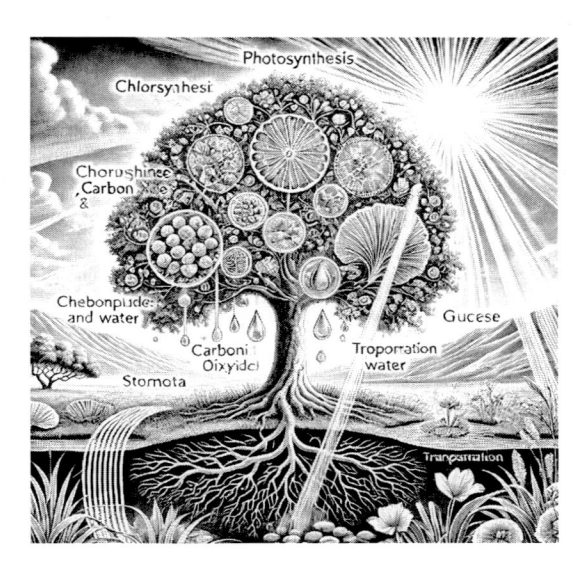

光合作用的重要性是不言而喻的。它不僅製造了大量的有機物，還平衡了大氣中的氧氣和二氧化碳含量。試想，如果沒有植物的光合作用，地球上的氧氣可能在短短 2000 年內就會耗盡，那將是一個多麼可怕的景象啊！

　　與光合作用相輔相成的是植物的蒸散作用。這個看似簡單的過程，實際上是植物生理學中極其複雜和重要的一環。透過葉片上精巧的氣孔，植物不僅調節自身的水分，還影響著周圍的環境。

　　蒸散作用就像是植物的「生命泵」，推動水分和養分在植物體內循環。它不僅幫助植物降溫，還能增加周圍空氣的溼度，為其他生物創造適宜的生存環境。想像一下，在炎熱的夏日，樹蔭下的涼爽感覺，正是得益於植物強烈的蒸散作用。

　　然而，這個過程也伴隨著巨大的水分損失。一株玉米的生長可能需要消耗 200 至 300 公斤的水，而其中 99% 都會透過蒸散作用散失。這也解釋了為什麼在溼潤的熱帶地區，我們能看到如此茂盛的植被。

透過光合作用和蒸散作用，植物展現了大自然的智慧和生命的頑強。它們不僅維持著自身的生存，更為整個地球生態系統提供了不可或缺的支持。在這個過程中，我們看到了生命的奇蹟，也領悟到了自然界的平衡與和諧。

■ 進化奇蹟：從藍藻到森林的生命進化

地球上的生命演化是一個漫長而神奇的過程。在這個過程中，植物扮演了至關重要的角色。讓我們從最原始的藍藻開始，探索植物如何塑造了我們今天所見的世界。

藍藻，這種最簡單的植物，早在 30 多億年前就已經出現在地球上。它們的存在為地球帶來了巨大的變化。透過光合作用，藍藻開始向大氣中釋放氧氣，為後來的生命形式奠定了基礎。這些微小的生物雖然簡單，但卻具有驚人的適應能力，能夠在各種環境中生存，從淡水到海洋，從溼土到極地。

隨著時間的推移，植物逐漸演化出更複雜的形態。它們發展出了精巧的結構，如葉片上的氣孔和表面的角質層，這些結構使植物能夠更好地控制水分的流失。蒸散作用成為植物生存的關鍵過程，不僅幫助植物運輸水分和養分，還能調節溫度和溼度。

　　植物的演化不僅僅是為了自身的生存，它們的存在也深刻地影響了整個地球生態系統。例如，在溼度較高的地方，植物生長更為茂盛，形成了大片的森林。這些森林不僅為其他生物提供了棲息地，還透過蒸散作用調節了區域性氣候。

　　然而，植物的演化並非總是對人類有利。某些藻類的過度生長可能會導致水體缺氧，威脅水生生物的生存。這提醒我們，生態系統是一個精密的平衡體系，任何微小的變化都可能帶來深遠的影響。

　　從最初的藍藻到今天繁茂的森林，植物的演化歷程見證了地球生命的奇蹟。它們不僅塑造了我們所生活的環境，也為我們提供了寶貴的資源和靈感。理解植物的演化過程，

　　不僅能幫助我們更好地認識自然，也能啟發我們如何更好地與自然和諧相處。

■ 紅藻：海洋多彩精靈的奇妙世界

　　紅藻是海洋中一種令人著迷的生物，它們的存在為海底世界增添了無盡的色彩和神祕感。這些多細胞植物雖然被稱為「紅藻」，但實際上它們的顏色可以呈現出令人驚嘆的多樣性，從紫紅到褐色、綠色、粉色，甚至黑色都有。這種多彩的外表源於它們體內獨特的色素組合，除了常見的葉綠素和胡蘿蔔素外，還包括了藻膽素（藻紅素和藻藍素）。

紅藻的生存能力令人驚嘆。它們能夠適應各種極端環境，從炎熱的熱帶到寒冷的兩極，從高山積雪到溫泉水域，甚至在潮溼的土壤中都能找到它們的蹤跡。這種強大的適應能力使得紅藻在地球上的分布範圍極為廣泛，幾乎無處不在。

在繁殖方面，紅藻採用了一種複雜而有趣的方式。它們透過產生孢子和卵配生殖來繁衍後代，但有趣的是，它們沒有鞭毛。紅藻的有性生殖過程十分獨特，雌性生殖器被稱為果胞，而精子則需要在果胞前端延伸出的一個長長的受精絲上完成受精。

紅藻不僅在生態系統中扮演著重要角色，在人類生活中也有著廣泛的應用。其中，紫菜就是一種常見的食用紅藻。紫菜不僅味道鮮美，還富含蛋白質、碘、維生素和無機鹽等營養物質。它能預防因缺碘引起的甲狀腺腫大，還能降低膽固醇，因此在全球範圍內廣受歡迎。

整體而言，紅藻是一個充滿魅力和神祕感的生物群體。它們的多樣性、適應能力和獨特的生存方式，使它們成為海洋生態系統中不可或缺

的一部分。無論是作為海洋中的色彩精靈，還是人類餐桌上的美味佳餚，紅藻都以其獨特的方式豐富著我們的世界。

■ 綠藻：海洋中的翠綠寶藏與進化奇蹟

綠藻門是藻類植物中的一個龐大家族，其種類之豐富、數量之龐大令人驚嘆。據現有研究顯示，已發現的綠藻種類多達一萬餘種，可謂是海洋中的一片翠綠寶藏。這些小小的生命體雖然看似簡單，卻蘊含著無窮的奧祕。

讓我們一起走進綠藻的世界，探索它們的獨特之處。首先映入眼簾的是它們那鮮豔的草綠色外表，彷彿大自然的調色盤塗抹出的生命色彩。細看之下，你會發現綠藻的形態多樣，有的如絲線般纖細，有的如薄片般輕盈，還有的呈現管狀結構，每一種都是大自然的精巧設計。

深入到微觀世界，綠藻的細胞結構更是令人驚嘆。它們的細胞壁由兩層組成，內層以纖維素為主，外層則是黏液狀的果膠質。細胞內部擁

有真正的細胞核，這與高等植物極為相似。而它們的色素體更是千變萬化，有的像小杯子，有的如環帶纏繞，有的呈現螺旋狀，甚至有的像星星或網狀，這些多樣的形態為綠藻的光合作用提供了絕佳的條件。

說到光合作用，綠藻可是行家高手。它們的葉綠體中含有與高等植物相同的光合色素，透過光合作用產生澱粉，並將其儲存在蛋白核周圍。正是這種相似性，讓一些植物學家認為綠藻可能是高等植物的祖先。

綠藻的繁衍方式也十分有趣，它們不僅可以透過細胞分裂來增加數量，還能形成各種類型的遊動和不動孢子，甚至進行有性生殖。這種多樣化的繁殖方式使得綠藻在進化的道路上走得更遠。

從單細胞到多細胞，從簡單到複雜，綠藻門植物幾乎涵蓋了藻類進化的每一個階段，成為研究植物進化的重要窗口。它們不僅是海洋生態系統中不可或缺的一員，還為人類提供了豐富的資源。比如剛毛藻，它不僅可以作為優質的造紙原料，還能用來製造各種纖維素食品。

綠藻，這些看似微小的生命，卻在海洋中譜寫著壯麗的生命詩篇，為我們展示著大自然的神奇與美妙。

▌褐藻門植物：生態系統中的重要角色

在海洋的深處，有一群神奇的生物正在默默地生長著，它們就是褐藻門植物。這些植物雖然不如陸地上的花草樹木那樣引人注目，但它們的存在對於海洋生態系統和人類生活都有著重要的意義。

褐藻門植物是藻類植物中進化程度較高的一類，它們的細胞內含有多種色素，包括葉綠素、胡蘿蔔素、墨角藻黃素和葉黃素等。正是這些

褐藻門植物：生態系統中的重要角色

色素的不同比例，使得褐藻門植物呈現出黃褐色或深褐色的外觀。這些植物的形態多樣，有些像絲線，有些像樹葉，還有些像樹枝，大小更是差異巨大，從幾百微米到幾十公尺都有。

褐藻門植物最引人注目的特點之一是它們儲存的特殊養分。它們主要儲存海帶多糖（又稱褐藻澱粉）和甘露醇，這兩種物質在工業上有著廣泛的應用。特別是褐藻膠，在紡織、造紙、橡膠、醫藥和食品等多個領域都扮演著重要角色。

在褐藻門植物中，最為人熟知的莫過於裙帶菜和海帶了。裙帶菜因其形狀酷似古代女子的裙帶而得名，它不僅是一種經濟海藻，還富含多種營養成分，其蛋白質含量甚至高於海帶。海帶則更是我們日常生活中常見的食材，它不僅營養豐富，還能預防甲狀腺腫大和動脈硬化等疾病。

褐藻門植物是海洋中的一大奇觀，它們的外形多樣，大小差異巨大，從微小到巨大不等。這些多細胞生物以其獨特的生存方式和繁殖方

式在海洋生態系統中扮演著重要角色。

在褐藻門植物中，裙帶菜和海帶是最為人所熟知的兩個代表。裙帶菜，這種溫帶性海藻因其形狀酷似古代女子的裙帶而得名。它不僅是一種經濟海藻，更是營養的寶庫。裙帶菜含有豐富的蛋白質、礦物質、維生素等多種營養成分，其蛋白質含量甚至遠超海帶。此外，裙帶菜還是核藻酸的重要來源。

海帶則是另一種廣受歡迎的褐藻門植物。在自然環境中，海帶通常長2至3公尺，而人工養殖的海帶可達5至8公尺之長。海帶的藻體呈褐色，由固著器、柄部和葉片三部分組成，其中葉片是我們日常食用的部分。海帶不僅營養價值高，還具有多種保健功效。它富含碘元素，可預防甲狀腺腫大；同時還能預防動脈硬化，降低體內膽固醇和脂肪含量。

褐藻門植物的繁殖方式多樣，包括營養繁殖、無性生殖和有性生殖。這些繁殖方式確保了褐藻門植物在海洋環境中的持續生存和繁衍。

除了褐藻門植物，苔蘚植物也是植物界中的一個獨特群體。作為自養型綠色陸生植物，苔蘚植物喜歡陰暗潮溼的環境，常見於石壁、森林和沼澤等地。它們的植物體結構簡單，只有假根，葉片僅由一層細胞組成。儘管個體較小，但苔蘚植物在地球上的分布範圍卻十分廣泛，從熱帶到南極洲都能找到它們的蹤跡。

整體而言，褐藻門植物和苔蘚植物都是植物界中的奇妙存在，它們不僅在生態系統中扮演著重要角色，還為人類提供了寶貴的食物和藥用資源。深入研究這些植物，我們將會發現更多海洋和陸地生態系統的奧祕。

■ 苔蘚植物：微小世界中的綠色巨匠

在這個浩瀚的自然界中，有一群常被忽視的小精靈，它們默默無聞地生長在陰暗潮溼的角落，卻對我們的生態系統貢獻巨大。這些小精靈就是苔蘚植物，它們雖然微小，卻擁有驚人的力量。

讓我們先來認識一下這些綠色小巨人的特性。苔蘚植物有著超強的吸水能力，能有效防止水土流失。它們的葉片結構簡單，卻能輕易吸收空氣中的汙染物，成為天然的空氣清淨機。不僅如此，它們對汙染物的敏感性還使它們成為了空氣汙染的天然指示劑。

苔蘚植物的用途廣泛得令人驚訝。它們可以用作肥料，增強沙土的吸水性，甚至可以直接作為燃料使用。更有趣的是，這些最低等的植物竟然成為了某些鳥類和哺乳動物的美味食物。

在生態系統中，苔蘚植物扮演著重要的角色。它們能夠聚集水分和浮塵，分泌酸性物質加速岩石風化，促進土壤形成。同時，它們透過光合作用釋放氧氣，為其他生物提供呼吸所需的原料。

讓我們走進苔蘚植物的微觀世界，認識一些常見的代表。地錢是一種分布廣泛的苔類植物，它那波浪狀的葉片邊緣在陰涼潮溼的地方隨處可見。葫蘆蘚則是一種矮小的蘚類植物，它們喜歡在富含有機質的土壤中形成綠色的小毯子。

最後，讓我們把目光投向水中，認識一下金魚藻。這種水生植物雖然不是真正的苔蘚，但它同樣在生態系統中發揮著重要作用。金魚藻那細長的莖和二叉狀的葉片在水中輕輕搖曳，為水生生物提供了良好的棲息環境。

這些微小的綠色生命雖然不起眼，卻在維持生態平衡、淨化環境、形成土壤等方面發揮著不可替代的作用。下次當你漫步自然時，不妨駐足觀察這些小小的綠色奇蹟，感受大自然的神奇與和諧。

■ 真菌王國：地球上的神祕分解者

真菌，這個神祕而又普遍存在的生物王國，在地球生態系統中扮演著不可或缺的角色。它們是大自然的清道伕，也是生命循環的關鍵環

節。讓我們一同揭開真菌的神祕面紗，探索它們的奇妙世界。

真菌是一種陸生真核生物，包括我們熟悉的蘑菇、酵母菌等。它們的身體由細微的菌絲組成，這些菌絲就像一張精密的網路，能夠吸收其他生物製造的化合物。真菌的種類繁多，已知的就超過了十萬種，而科學家們相信還有更多未被發現的種類。

真菌的細胞結構十分特殊。它們擁有真核細胞和細胞壁，這使它們區別於細菌和其他微生物。真菌細胞壁中含有甲殼質，這是它們最顯著的特徵之一。

真菌的繁殖方式也十分有趣。它們既可以進行無性繁殖，也可以進行有性生殖。無性繁殖通常是透過產生無性孢子來完成的，而有性生殖則涉及到核配和減數分裂的過程，最終形成有性孢子。這種多樣的繁殖方式使真菌能夠在各種環境中迅速繁衍。

真菌是一種陸生真核生物，包括我們熟悉的蘑菇、酵母菌等。它們通常是多細胞生物，有著細微的菌絲，用來吸取其他生物製造的化合物。這些小小的生命形式種類繁多，全世界已知的真菌種類超過十萬個，而且這個數字還在不斷增加。

真菌的身體結構非常有趣。它們的營養體主要由纖細的管狀菌絲組成，這些菌絲交織在一起形成菌絲體。真菌細胞壁中含有甲殼質，這是它們最顯著的特徵之一。此外，真菌細胞內還有許多我們在其他生物中也能看到的細胞器，如細胞核、粒線體、微體等。

在自然界中，真菌扮演著多種角色。大多數真菌是腐生生物，它們以死亡或正在分解的有機物為食，在分解過程中釋放出養分，使其重新進入生態循環。有些真菌，如念珠菌，則以活的有機體為食。還有一些真菌，如地衣，與其他生物形成共生關係，相互依存，共同生存。

真菌的繁殖方式也十分有趣。它們既可以透過無性繁殖形成無性孢子，也可以透過有性生殖產生有性孢子。當真菌生長到一定時期後，就會進入繁殖階段，形成各種繁殖體，也就是我們常見的子實體。

在我們的日常生活中，真菌的存在無處不在。從我們食用的香菇、草菇、金針菇等食用菌，到用於釀造的酵母菌，再到醫藥行業中廣泛應用的各種真菌，它們都在默默地為人類的生活做出貢獻。

整體而言，真菌是一個神奇而又重要的生物群體。它們不僅在生態系統中扮演著重要角色，還為人類提供了食物、藥物等寶貴資源。隨著科技的進步，我們對真菌的認識也在不斷深入，相信在未來，真菌王國還會為我們揭示更多驚人的祕密。

蕨類植物：
綠色活化石的古老傳承與生態價值

蕨類植物是地球上最古老的植物之一，它們的存在為我們開啟了一扇通往遙遠過去的窗戶。這些植物不僅在外形上引人注目，更在生態系統中扮演著重要角色。讓我們一起探索這個神奇的植物世界吧！

蕨類植物的生殖方式獨特，既可以透過無性生殖產生孢子，也能進行有性生殖。它們雖然擁有根、莖、葉等器官和維管組織，但卻無法形成種子，這使得它們在植物界中占據了一個特殊的位置。全球約有12,000 種蕨類植物，大多數是草本植物，適應了各種環境，從潮溼的森林到岩縫，甚至是高山地區。

蕨類植物的葉片形態豐富多樣，從小型單葉到大型複葉都有。有些蕨類還進化出了特殊的孢子葉和營養葉，展現了驚人的適應能力。它們的根莖結構也很有特色，大多呈鬚根狀或根狀莖，有些甚至能長成喬木狀，如桫欏就是一個典型例子。

這些植物不僅美觀，還具有重要的實用價值。許多蕨類被用作觀賞植物，如巢蕨和卷柏；一些則被應用於醫藥領域，如柳杉葉蔓石松和節節草。更有趣的是，蕨類植物對環境條件的敏感性使它們成為地質學家的得力助手，幫助人們辨識不同類型的土壤和礦物。

在蕨類植物中，桫欏無疑是最引人注目的。這種「活化石」曾經與恐龍同時統治地球，如今卻只剩下少數珍貴的種類。桫欏的存在不僅對於研究古植物學和植物系統學意義重大，其獨特的外形──高大的樹幹和巨大的羽狀複葉，也為我們的自然景觀增添了一抹神祕的色彩。

整體而言，蕨類植物是地球生態系統中不可或缺的一員。它們不僅見證了地球的演變歷史，也為我們提供了豐富的資源和研究價值。讓我們珍惜這些綠色瑰寶，共同守護地球的生物多樣性。

■ 鹿角蕨：自然界的藝術品

在植物王國中，有一種特別引人注目的成員——鹿角蕨。這種奇特的蕨類植物不僅形態獨特，還具有令人驚嘆的適應能力和實用價值。讓我們一起深入了解這個自然界的藝術品吧。

鹿角蕨屬於附生性多年生蕨類草本植物，全球共有 15 種，主要分布在熱帶雨林中。它們喜歡生長在陰溼的環境中，通常附生在高大樹木的莖稈開裂處或分枝處。有趣的是，它們還能在淺薄的泥炭土、腐葉土或潮溼的岩石上生存，展現出驚人的適應能力。

這種植物最引人注目的特徵是它的葉片。鹿角蕨的葉片分為兩種類型：一種是能進行光合作用的正常葉片，另一種則是不能進行光合作用但可以幫助植物體吸收養分的腐殖葉。正常葉片幼時呈灰綠色，成熟後變為深綠色；而腐殖葉則能夠吸收周圍的枯枝敗葉、雨水和塵土等，在細菌和微生物的幫助下將有機物分解成無機物，供植物吸收利用。

鹿角蕨的獨特外形和優美姿態使它成為深受歡迎的觀賞植物。許多人喜歡將它作為室內懸掛觀葉植物，或將其貼在枯木、樹幹上作為牆

壁裝飾。除了觀賞價值，鹿角蕨還具有一定的藥用價值，被應用於製藥業。

對於喜歡園藝的人來說，人工種植鹿角蕨是一項有趣的挑戰。通常採用分株繁殖的方式，最佳時間是每年的二三月分或六七月分。分株時，需要從母體上選擇生長狀況良好的植株，用刀片小心地切開，然後將其移植到花盆中培育。

鹿角蕨的存在提醒我們，自然界中充滿了令人驚嘆的設計。它不僅是一種美麗的觀賞植物，更是適應環境、共生互利的絕佳範例。無論是作為室內裝飾，還是作為研究對象，鹿角蕨都展現出植物世界的無窮魅力。

■ 裸子植物：種子與花粉管開啟的陸地新紀元

裸子植物的出現代表著植物進化史上的一個重要里程碑。這些植物不僅在結構和功能上與蕨類植物有顯著差異，更為適應陸地生活開闢了新的道路。讓我們一起深入探討裸子植物的獨特之處，以及它們如何豐富了我們的生活。

首先，裸子植物最引人注目的特徵是種子的出現。這個由胚、胚乳和種皮組成的繁殖器官，代表了植物繁衍方式的一次革命性突破。種子不僅保護了幼苗，還為其提供了營養，大大提高了植物的生存機會。

其次，花粉管的形成使得裸子植物擺脫了對水的依賴。這種結構讓精子能夠直接到達卵子，實現陸地上的受精。這一進化使得裸子植物能夠在更廣闊的陸地環境中繁衍生息。

再者，裸子植物具有次生生長的能力，這使得它們能夠長成高大的樹木。正是這種能力，讓許多裸子植物成為重要的木材來源，在北半球溫帶和亞熱帶地區廣泛分布。

在眾多裸子植物中，銀杏和蘇鐵是兩個極具代表性的例子。銀杏被譽為「活化石」，不僅是珍貴的園林樹種，還具有重要的藥用和食用價值。從其挺拔的樹幹到營養豐富的果實，銀杏可謂「渾身是寶」。

蘇鐵則以其獨特的外形和多樣的用途聞名。這種熱帶和亞熱帶植物不僅是珍貴的觀賞樹種，其種子還是美味的食材，多個部位更可用於製藥。

裸子植物的多樣性和適應性使其在自然界和人類社會中扮演著重要角色。從提供木材、纖維到製作藥品和食物，這些植物豐富了我們的生活，也為我們理解植物進化提供了寶貴的線索。透過研究和保護這些植物，我們不僅能更好地了解地球的歷史，還能為未來的永續發展提供重要資源。

巨杉：森林巨人的奇妙世界

在地球上的眾多植物中，有一種樹木以其驚人的體型和悠久的生命力而聞名於世，它就是巨杉。這些森林巨人原產於美國加州，如今已成為全球最大的植物。想像一下，站在一棵巨杉面前，仰望著高達 100 公尺、相當於 30 層樓高的樹冠，你會感受到大自然的鬼斧神工。

巨杉不僅僅是高大，它們的胸徑也同樣令人嘆為觀止，有些甚至超過 10 公尺。這些巨大的尺寸使得巨杉成為真正的自然奇觀。但是，巨杉的神奇之處不僅僅在於它們的體型。這些樹木擁有驚人的生長速度，特別是在生命的前 500 年，它們的生長速度令人難以置信。

巨杉喜歡陽光充足、溫度適宜的環境。在這樣的條件下，它們能夠茁壯成長，形成令人讚嘆的森林景觀。這些樹木不僅美麗壯觀，還具有極強的實用價值。巨杉木材的抗腐蝕性和耐火性都很強，因此常被用來製作鐵道枕木和電線桿等重要物品。

植物：從細胞到光合作用的生命奇蹟

雖然巨杉已經被引入世界各地進行栽種，但其原產地加州的巨杉林仍然是最為壯觀的。這些古老的森林不僅是自然生態系統的重要組成部分，也是人類探索和欣賞大自然奇蹟的寶貴財富。

巨杉的存在提醒我們，地球上還有許多令人驚嘆的自然奇觀等待我們去發現和保護。它們不僅是自然界的奇蹟，也是地球悠久歷史的見證者。在我們繼續探索和了解這些森林巨人的同時，也應該思考如何更好地保護它們，讓後代也能夠欣賞到這些大自然的瑰寶。

■ 根與莖：植物的奇妙結構

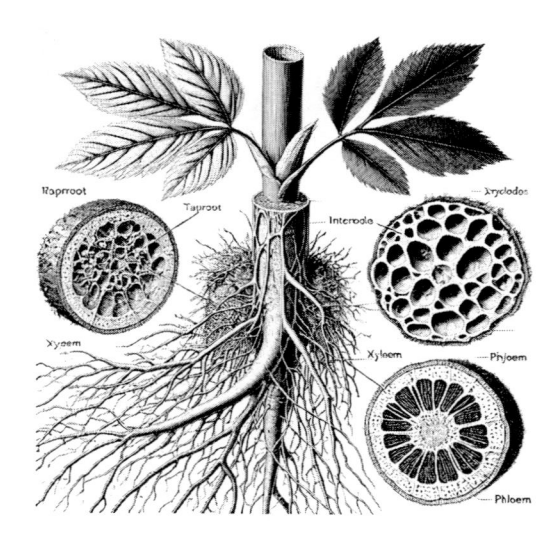

大自然的奧妙總是讓人驚嘆不已，而植物的構造更是其中一個引人入勝的話題。今天，讓我們一起探索植物根與莖的奇妙世界，揭開它們不為人知的祕密。

首先，讓我們從植物的根開始說起。你可能會問，根不就是埋在土裡的一部分嗎？其實，根的結構可遠比我們想像的要複雜得多。根通常

呈圓錐形，分為主根和側根。想像一下，主根就像是一棵大樹的主幹，而側根則是從主幹上分出的枝椏。有趣的是，並非所有植物的根都是一樣的。有些植物，比如大豆和油菜，它們的主根和側根非常明顯，就像是一個倒立的大樹。而有些植物，如玉米和小麥，它們的根系就像是一團麻花，很難分辨出主根和側根。

在植物的世界裡，根系就像一個神祕而又充滿魅力的地下王國。它們默默無聞地為植物的生存和繁衍付出著巨大的努力，卻往往被我們忽視。讓我們一起走進這個奇妙的地下世界，探索根系的獨特魅力吧。

根系對於植物的重要性不言而喻。它們就像是植物的錨，將高大的樹木牢牢固定在土壤中，使其能夠抵禦狂風暴雨的侵襲。想像一下，如果沒有這些強大的根系，那些參天大樹該如何在颶風中屹立不倒呢？

但根系的作用遠不止於此。它們還像是植物的「小口」，透過無數細小的根毛吸收土壤中的水分和礦物質。這些看似微不足道的根毛，卻如同一臺臺精密的「抽水機」，源源不斷地為植物輸送生命所需的養分。

更令人驚奇的是，根系還能改良土壤結構。它們的存在使得土壤變得更加適合植物生長，彷彿是大自然賦予植物的一項神奇能力。

然而，植物界的根系並非千篇一律。有些根具有特殊的使命，如呼吸根、支柱根、儲藏根，甚至是寄生根。這些特殊的根系展現了大自然的奇思妙想，讓我們不得不讚嘆植物世界的多樣性和適應性。

下次當你漫步在花園或森林中時，不妨想像一下腳下那個錯綜複雜的根系世界。它們默默無聞，卻是植物生命的重要支柱，為地球上的生態系統做出了重大貢獻。這個隱祕的地下王國，不正是大自然最偉大的傑作之一嗎？

讓我們把目光聚焦到根的頂端——根尖。這個看似簡單的部位其實

是個小型工廠，由根冠、分生區、伸長區和根毛區組成。其中，根毛區就像是無數細小的吸管，負責從土壤中吸收水分和礦物質，為植物提供生命所需的養分。

現在，讓我們把視線轉向植物的地上部分——莖。莖就像是植物的脊椎，將根、芽、葉和花連線成一個整體。它不僅支撐著整個植物，還負責運輸根部吸收的水分和養料。莖的結構也很有趣，包含了芽、節和節間三個部分。而莖的頂端——莖尖，則負責不斷分裂，使植物持續生長。

植物的莖有多種形態，直立型、纏繞型、匍匐型和攀緣型，每一種都有其獨特的生存策略。想像一下牽牛花纏繞著支撐物向上生長的樣子，或者西瓜藤蔓在地面上蔓延的景象，是不是感覺植物世界充滿了無窮的創意？

植物的莖，看似簡單，實則蘊含著大自然的奇妙設計。它不僅僅是植物的支柱，更是一個複雜而高效的運輸系統。讓我們一起探索莖的奧祕，了解它如何成為植物生命的關鍵樞紐。

首先，根據莖的形態，我們可以將植物分為草本類和木本類。草本植物的莖柔軟多水，而木本植物的莖則堅硬挺拔。在木本植物中，又可以細分為灌木和喬木。灌木軀幹不明顯，個頭較小；喬木則軀幹高大，枝葉繁茂。

莖的核心功能在於運輸。它像一座精密的立體高速公路，將根部吸收的水分和無機鹽向上輸送，同時將葉子製造的有機物向下輸送。這個運輸過程是如何實現的呢？答案在於根壓和葉的蒸騰拉力。

根壓就像一臺微型水泵，將水分和無機鹽溶液推入莖中並向上輸送。如果你在靠近植物基部的地方切斷莖，會看到液體從切口流出，這就是根壓的證明。而葉子的蒸散作用則像一個強力抽水機，在水分蒸發

過程中產生向上的拉力，進一步促進水分上升。

除了水分和無機鹽，莖還負責輸送葉子製造的有機物。這些養分透過莖韌皮部的篩管輸送到植物各個器官。有趣的是，只有小分子物質才能透過篩管輸送，大分子物質如澱粉、蛋白質、脂肪等需要先分解成更小的分子才能運輸。

正因為莖在植物生命中扮演如此重要的角色，如果樹皮遭到大面積破壞，植物就會迅速死亡。這是因為有機養料無法到達根部，導致根部死亡，最終整株植物凋亡。

透過了解莖的功能和運作機制，我們不禁對大自然的精妙設計感到驚嘆。植物的莖，這個看似簡單的結構，實則是維持植物生命的關鍵樞紐，展現了生命的奇妙與韌性。

■ 葉子：光合作用的舞臺

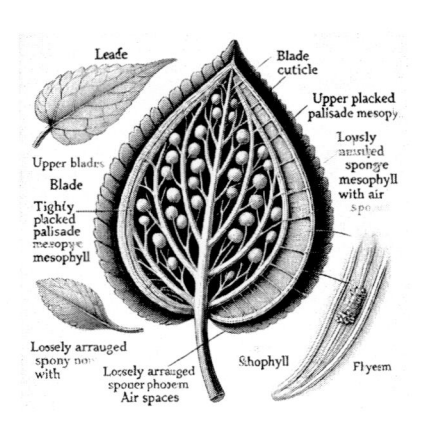

自然界中的植物葉子，看似乎凡無奇，卻蘊含著生命的奧祕。它們不僅是植物進行光合作用的場所，更是孕育植物生命最基礎、最重要的部分。讓我們一起揭開葉子的神祕面紗，探索它的內部世界。

葉子的結構雖然各異，但大多由葉片、葉柄和托葉三個部分組成。葉片是最引人注目的部分，它的表皮由一層排列緊密、透明的細胞組成，表面還覆蓋著角質層或蠟層，為內部組織提供保護。葉片內部的綠色薄壁部分被稱為葉肉，這裡藏有大量的葉綠體，是光合作用的主要場所。

有趣的是，葉片的上下表面因受光程度不同而呈現不同的顏色。上表皮接受陽光直射，呈深綠色；下表皮背對陽光，則呈淺綠色。這種受光差異也導致了葉肉組織的分化，形成了所謂的「雙面葉」。雙面葉的上表皮下方是柵欄組織，細胞呈長柱形，排列緊密；下表皮下方則是海綿組織，細胞排列疏鬆，空隙較大。

然而，並非所有植物的葉子都是雙面葉。一些植物，如玉米、小麥和胡楊，它們的葉子呈近似直立狀態生長，兩面受光均勻，因此內部組織沒有明顯分化，這種葉子被稱為「等面葉」。

葉柄作為葉片與莖的連線部分，通常位於葉片基部，但也有例外。例如蓮和千金藤的葉柄著生在葉片中央或偏下方，這種特殊的著生方式被稱為「盾狀著生」。

托葉雖然常被忽視，但它在植物生長過程中扮演著重要角色。它通常比葉片生長得早，可以保護嫩葉和幼芽。有些植物的托葉存在時間很短，稱為「托葉早落」；而有些則能伴隨葉片整個生長期，稱為「托葉宿存」。

透過深入了解葉子的結構和功能，我們不禁對大自然的巧妙設計感到驚嘆。每一片看似普通的葉子，都是一個精密的生命系統，為植物的生存和繁衍提供著不可或缺的支持。

■ 花朵：雄蕊與雌蕊的多樣性與變化

　　花朵是植物界最為絢麗多彩的藝術品，而它們的核心結構——雄蕊與雌蕊，則是這幅藝術品中最為精妙的部分。讓我們一起深入探索這些看似簡單卻又變化萬千的生殖器官。

　　雄蕊是花朵中負責產生花粉的重要器官。它通常由花絲和花藥兩部分組成，但大自然總是喜歡創造驚喜。有些植物的花絲不再是細長的絲狀，而是變成了扁平的帶狀，甚至有些植物的花絲乾脆化身為花瓣，就像美人蕉那樣。更有趣的是，有些植物完全拋棄了花絲，讓花藥直接長在花冠上，梔子就是這樣的奇特存在。

　　雄蕊的結構多樣性更是令人驚嘆。有些植物的雄蕊花藥分開，只有花絲結合在一起，這就是單體雄蕊，木槿和棉花就是這樣的代表。有些植物則將花絲聯合成兩部分，形成兩體雄蕊，蠶豆就是這種類型。還有一些植物的花絲結合成多束，稱為多體雄蕊，金絲桃就是這樣的例子。甚至還有一些植物，花絲分離但花藥結合，這就是連囊雄蕊，葫蘆科植物就屬於這一類型。

133

相比之下，雌蕊的結構似乎更加統一，但它的變化同樣令人著迷。雌蕊通常由子房、花柱和柱頭組成，但真正決定雌蕊特性的是構成它的基本單位——心皮。有些植物的雌蕊只由一個心皮構成，如桃花；而更多植物的雌蕊則由多個心皮共同組成，這些心皮可能完全結合，也可能部分結合，形成各式各樣的合生心皮雌蕊。

　　自然界中還存在著一種特殊的雌蕊類型——離生心皮雌蕊。在這種情況下，每個心皮都獨立形成一個完整的雌蕊，擁有自己的子房、花柱和柱頭。這種結構為植物的繁衍提供了更多的可能性。

■ 果實：從花朵到餐桌的神奇變化

　　果實是大自然給予我們的一份美麗禮物，它不僅是植物繁衍的重要工具，更是我們日常飲食中不可或缺的一部分。讓我們一起踏上這趟探索果實奧祕的奇妙之旅吧！

　　首先，我們要明白，果實是被子植物獨有的特徵。換句話說，只要

是能夠結出果實的植物，都屬於被子植物這個大家族。當這些植物的花朵受粉後，就會開始孕育果實。果實通常由果皮和種子兩部分組成，它們的主要任務是幫助植物傳播種子，繁衍後代。

果實的世界豐富多彩，形態各異。根據它們的發育來源，我們可以將果實分為幾類。最常見的是真果，如桃子和大豆，它們是由植物的子房直接發育而成的。還有一些果實，比如蘋果和梨，是由子房與其他花的部分一起發育而成的，我們稱之為假果。有些植物，如草莓，擁有多個離生雌蕊，每個雌蕊都能發育成一個小果實，這樣的果實我們稱為聚合果。更有趣的是，有些植物的果實是由整個花序發育而成的，比如桑葚、鳳梨和無花果，我們稱這種果實為複果。

果實的生長過程也是一個奇妙的旅程。從受精到成熟，果實的體積可能會增大兩三百倍！而最終果實的大小和形狀，則是由植物的遺傳因素決定的。在這個過程中，果實不僅會在外形上發生變化，內部結構和生理特性也會隨之改變。

當果實逐漸成熟時，我們會發現它們的顏色開始變化，這通常是判斷果實是否成熟的一個重要標誌。同時，果實的質地會變得更加柔軟，散發出誘人的香味，糖分含量也會增加。這些變化不僅吸引了我們的注意，也吸引了許多動物前來品嘗，無意中幫助植物完成了種子的傳播。

■ 種子：大自然的創造與延續

種子是植物王國中最為神奇的存在之一，它們不僅承載著植物的生命延續，更是大自然的生命寶庫。在這個微小的結構中，蘊含著無限的可能性和生命的奧祕。

讓我們一同探索種子的奧妙世界。首先，種子的多樣性令人驚嘆。從巨大的椰子到微小的菸草種子，大自然展現了令人驚嘆的創造力。這種多樣性不僅展現在大小上，還包括形狀、顏色和表面質地。每一種種子都是獨特的，都有其特定的生存策略。

種子的構造也是一個精巧的設計。通常由種皮、胚和胚乳三個部分組成，每個部分都有其特定的功能。種皮像一個保護罩，守護著內部脆弱的生命；胚是未來植物的雛形，蘊含著生長的潛力；而胚乳則是為新生命提供營養的儲備倉庫。

有趣的是，不同植物的種子在結構上也有差異。例如，子葉的數量可以從 1 個到 18 個不等，雖然大多數植物的子葉數為 2 個。胚的形狀也多種多樣，有橢圓形、長柱形、彎曲形等，但它們在種子中的位置卻是固定的，胚根總是朝向珠孔（micropyle）。

種子的生命力更是令人驚嘆。有些種子的壽命非常短暫，如巴西橡膠的種子僅能存活一週左右。而另一些種子則擁有驚人的長壽，如蓮的種子可以存活數百年，甚至上千年。這種生命力的差異不僅取決於遺傳

因素,還受環境的影響。

　　種子不僅是植物繁衍的關鍵,也是人類和許多動物重要的食物來源。它們儲存的營養物質,如澱粉、蛋白質和脂肪,為生命的延續提供了必要的能量。

金屬：銀、銅、鉑的地質寶藏

NATURE SILVER　　COTURE COLVER　　NATURAL ANTIMONY　　SYUPURI GRAPHITE

金屬：銀、銅、鉑的地質寶藏

在地球的深處，大自然悄悄地孕育著一個個神奇的金屬寶藏。讓我們一同揭開自然銀、自然銅和自然鉑這三種珍貴金屬的神祕面紗，探索它們在地質世界中的獨特魅力。

首先，我們來認識一下自然銀。這種珍貴的金屬常常隱藏在熱液礦脈中，與金和其他含銀礦物相伴而生。想像一下，在礦床的氧化帶中，銀以不規則的纖維狀、樹枝狀或塊狀聚集在一起，有時還會呈現出美麗的平行帶狀。雖然完整的銀晶體十分罕見，但它那銀白色的新鮮斷口卻特別引人注目。不過要小心，銀的表面容易被氧化，呈現出灰黑的銹色。銀的特性非常出眾，它不僅具有極佳的延展性，還能出色地導電導熱。有趣的是，銀的熔點相對較低，而且在硫化氫的環境中會失去光澤。如果你想一睹自然銀的風采，不妨去墨西哥或挪威看看，那裡可是世界聞名的銀產地。

接下來，讓我們把目光轉向自然銅。這種金屬是在還原條件下形成的，常見於原生熱液礦床、含銅硫化物礦床的氧化帶下部，以及砂岩銅礦床中。自然銅通常以片狀、塊狀、板狀或樹枝狀的形態聚集在一起，有時還會含有微量的鐵、銀、金等元素。雖然銅晶體主要屬於等軸晶系，但完整的晶體卻極為罕見。在鑑定自然銅時，顏色是一個重要的指標。新鮮切面的自然銅呈現出迷人的銅紅色或淺玫瑰色，而氧化後則會變成褐黑色或綠色。銅的導電性、導熱性和延展性都相當出色，這使它成為一種極為有用的金屬。如果你對自然銅感興趣，不妨去美國的蘇必利爾湖南岸、俄羅斯的圖林斯克或義大利的蒙特卡蒂尼看看，這些地方都以盛產自然銅而聞名。

最後，讓我們來了解一下自然鉑。這種稀有金屬主要生成於與基性、超基性岩有關的岩漿礦床中，比如銅鎳硫化物礦床，有時也會在砂

礦中形成。自然鉑呈現出銀灰色或白色，條痕則是鋼灰色，帶有金屬光澤。雖然鉑的晶體形狀是立方體，但完整的晶體非常罕見，最常見的是不規則的細小顆粒末狀、粉狀或葡萄狀的集合體。鉑不僅具有延展性，還帶有微弱的磁性，這些特性

鉑，這種珍貴的金屬，以其卓越的化學穩定性和極高的熔點而聞名。它不僅是高級化學器皿的首選材料，還常與鎳等元素組合成特種合金。在加拿大、美國和俄羅斯的烏拉爾地區，人們可以發現這種稀有金屬的蹤跡。

與鉑相比，砷似乎顯得不那麼引人注目，但它的用途卻同樣廣泛。這種元素通常與銀、鈷、鎳等礦物共生，呈現出各種奇特的形態。砷的獨特之處在於它能消除玻璃中的綠色雜質，因此在玻璃製造業中扮演著重要角色。有趣的是，砷在受熱或受擊打時會散發出類似大蒜的氣味。

銻是另一種值得關注的元素，它常與砷、銀等礦物共存。銻的晶體形態多變，最常見的是鐘乳狀或放射狀的集合體。這種金屬在保持其他金屬體積穩定方面發揮著重要作用，同時也被廣泛應用於煙火爆竹和醫藥研究等領域。

自然硫以其鮮豔的檸檬黃色吸引著我們的目光。它的晶體形態豐富多樣，從菱方雙錐形到球狀、鐘乳狀等不一而足。硫在造紙、紡織和化肥等產業中扮演著不可或缺的角色。

最後，讓我們把目光投向兩種看似截然不同，卻又同根同源的礦物：金剛石和石墨。它們都是由碳元素構成，卻呈現出截然不同的特性。金剛石以其無與倫比的硬度和絢麗的色彩聞名於世，而石墨則以其柔軟的質地和優異的導電性著稱。這兩種礦物在工業和日常生活中的應用範圍之廣，令人嘆為觀止。

金屬：銀、銅、鉑的地質寶藏

　　從鉑的穩定到砷的多變，從銻的實用到硫的鮮豔，再到金剛石和石墨的反差，這些元素和礦物共同譜寫了一曲地球的奇妙交響樂。它們不僅豐富了我們的生活，也激發了我們對大自然的無限敬畏與探索熱情。

礦物：穿越自然的寶藏世界

礦物：穿越自然的寶藏世界

　　大自然的鬼斧神工總是令人驚嘆不已，而在礦物世界中，這種神奇更是展現得淋漓盡致。讓我們一同深入探索幾種獨特礦物的奧祕，感受它們的魅力與價值。

　　首先映入眼簾的是絢爛奪目的辰砂。這種棕紅色或猩紅色的晶體不僅是重要的汞礦，還因其獨特的外觀成為備受青睞的觀賞石。辰砂的用途廣泛，從古老的中醫藥到現代的雷射技術，都能看到它的身影。想像一下，在西班牙的阿爾馬登礦區，礦工們小心翼翼地開採這種寶貴的礦石，為人類的科技進步貢獻一份力量。

　　與辰砂並駕齊驅的是閃鋅礦，這種分布最廣的礦物蘊含著豐富的鋅資源。閃鋅礦的晶體形態多變，顏色隨鐵含量的變化而呈現出不同的色調，從淡黃到深黑，彷彿大自然的調色盤。當你漫步在澳洲的布羅肯希爾礦區時，也許會被這些晶瑩剔透的礦石所吸引，感嘆造物主的神奇。

　　再來看看神祕的硫鎘礦，這種表生礦物常常以土狀覆蓋在其他礦物表面，顏色從黃橙到暗紅不等。雖然它不如辰砂和閃鋅礦那樣引人注目，但在工業生產中卻扮演著重要角色。每當我們使用含鎘的產品時，都應該感謝那些默默無聞的硫鎘礦。

　　輝銻礦則以其獨特的外形吸引著礦物愛好者的目光。想像一下，那些彎曲、捲曲的晶體集合體，宛如藝術家精心雕琢的作品。除了觀賞價值，輝銻礦還在我們日常生活中扮演著重要角色。每次握起鉛筆時，不妨想想其中可能含有的輝銻礦，感受礦物世界與我們生活的緊密連繫。

　　最後，讓我們把目光投向斑銅礦。這種暗銅紅色的礦物因其表面的藍紫斑狀銹色而被稱為「孔雀石」。當你漫步在智利的丘基卡馬塔礦區時，也許會被這些色彩斑斕的礦石所吸引，彷彿置身於一個奇幻的礦物王國。

每一種礦物都像是大自然精心打造的藝術品，蘊含著無窮的魅力與價值。讓我們懷著敬畏之心，繼續探索這個神奇的礦物世界，感受大自然的鬼斧神工。

■ 寶石：探索自然界的礦物奇蹟

在這個浩瀚的星球上，大自然為我們準備了一個巨大的寶石寶庫，其中蘊藏著無數的礦物奇蹟。讓我們一同踏上這段探索之旅，揭開地球深處的神祕面紗。

首先映入眼簾的是自然硫，它常常在火山岩、沉積岩中悄然現身，與方解石、白雲石等礦物相伴而生。雖然它不純淨，卻在工業生產中扮演著重要角色，從製作硫酸到造紙、紡織，它的用途廣泛而多樣。

接著，我們來到了寶石之王——金剛石的領地。這些晶瑩剔透的寶石常常藏身於深邃的地層之中，以其獨特的晶體結構征服了世人。每一顆金剛石都是大自然的傑作，它們不僅是珍貴的裝飾品，還因其極高的

硬度在工業領域大顯身手。

與金剛石形成鮮明對比的是石墨，這兩種礦物雖然都由碳元素構成，卻擁有截然不同的性質。石墨柔軟易碎，卻有著優異的導電性和耐高溫性，在工業中的應用範圍極廣，從鉛筆芯到高溫坩堝，處處可見它的身影。

在這個礦物王國中，硫化物和硫酸鹽礦物也占據著重要地位。它們是許多金屬元素的重要來源，在地質演化的過程中扮演著關鍵角色。其中，方鉛礦就是一個典型代表，它不僅是提取鉛的主要原料，還在人類歷史上留下了深刻的印記。

然而，我們在讚嘆這些礦物奇蹟的同時，也不能忽視它們可能帶來的環境和健康風險。正如古羅馬的沒落可能與鉛中毒有關，我們今天也面臨著類似的挑戰。

這趟礦物之旅讓我們深刻意識到，地球是一個充滿驚喜和挑戰的寶庫。我們有責任去探索、利用這些寶藏，同時也要學會與自然和諧相處，確保這個寶庫能夠永續發展，為子孫後代留下珍貴的資源。

■ 硫化物礦物：地下寶藏的多樣性與應用

在地球深處，隱藏著一個令人驚嘆的礦物王國。這個世界充滿了色彩斑斕、形態各異的硫化物礦物，它們不僅是大自然的藝術品，更是人類工業和科技發展的重要資源。讓我們一同探索這些神奇的地下寶藏吧！

硫化物礦物：地下寶藏的多樣性與應用

　　首先映入眼簾的是黃銅礦，它的化學成分是 $CuFeS_2$，是一種重要的銅礦石。黃銅礦的晶體呈現出迷人的四方體結構，常常以雙晶的形式出現，表面布滿了精緻的條紋。它的顏色就像黃銅一樣耀眼，有時還會呈現出迷人的藍紫色暈彩，讓人聯想到夜空中閃爍的星星。

　　與黃銅礦並列的是輝銅礦，它的主要成分是 Cu_2S。輝銅礦通常以塊狀集合體的形式存在，呈現出暗深灰色，帶有金屬光澤。有趣的是，當它燃燒時，會釋放出綠色的火焰，彷彿在向我們展示它所蘊含的銅元素。

　　接下來是黃鐵礦，這種礦物因其外觀酷似黃金而被稱為「愚人金」。它的晶體形態多樣，可以是立方體、八面體或五角十二面體，表面布滿了精美的條紋。黃鐵礦不僅是提取硫的重要原料，還在製造硫酸的過程中扮演著關鍵角色。

　　磁黃鐵礦則是另一種引人注目的礦物。它的晶體呈現出板狀或片狀，顏色從黃色到紅色不等。有趣的是，它還具有一定的磁性和導電性，這使得它在多個工業領域都有著廣泛的應用。

最後，我們還有白鐵礦和脆銀礦這兩種獨特的礦物。白鐵礦雖然和黃鐵礦的化學成分相同，但它的晶體結構卻大不相同，常常呈現出雞冠狀的美麗形態。而脆銀礦則以其獨特的板狀或柱狀晶體吸引著礦物學家的目光。

這些硫化物礦物不僅展現了大自然的鬼斧神工，也為人類的工業發展提供了寶貴的資源。它們的存在，讓我們更加深刻地意識到地球的奧祕與珍貴。每一種礦物都有其獨特的故事，等待著我們去發現和欣賞。

■ 深紅銀礦與石鹽：礦物的奇妙旅程

在這個廣袤的地球上，隱藏著無數奇妙的礦物寶藏，它們以各種形態和特性呈現在我們眼前。讓我們一起踏上這趟礦物探索之旅，從深紅銀礦開始，一路遊覽車輪礦、黝銅礦、砷黝銅礦，最後抵達人類生活中不可或缺的石鹽。

深紅銀礦，這種暗櫻紅色的礦物，常常與其他礦物共生於炙熱的礦脈中。它的晶體形態多變，有時呈現優雅的柱狀或三角面體，有時又以塊狀或緻密狀的集合體出現。在墨西哥、玻利維亞等地的銀礦床中，我們常能邂逅這種帶有金屬光澤的美麗礦物。

與之相比，車輪礦則更喜歡在中低溫的熱液礦床中安家。雖然數量不多，但它卻常常出現在鉛鋅和多金屬礦床中，彷彿在訴說著地球演化的祕密。從灰色到黑色的車輪礦，有時呈現短柱狀或板狀的晶體，有時又以各種集合體的形式出現，在俄羅斯的烏拉爾、捷克的普爾西布藍等地方等待著我們的發現。

黝銅礦和砷黝銅礦則是銅礦家族中的重要成員。這兩種礦物常常與銀、鉛、鋅等礦物共生，呈現出從灰色到黑色的各種色調。特別是黝銅礦，有些變種還含有高達 18% 的銀，成為了重要的銀礦原料。雖然砷黝銅礦較為稀少，但其經濟價值卻不容小覷。

最後，我們來到了人類生活中不可或缺的石鹽。這種氯化鈉礦物不僅是重要的化工原料，更是我們日常生活中的必需品。純淨的石鹽晶體無色透明，但含有雜質時卻能呈現出白、黃、藍、紫、黑等多種顏色，彷彿是大自然的調色盤。全球七十多個國家都在大量開採石鹽，有的透過地下開採，有的則利用簡單的水溶萃取法。

這些礦物，每一種都有其獨特的魅力和價值，它們不僅記錄了地球的演化歷程，也為人類的發展提供了寶貴的資源。透過對這些礦物的了解，我們彷彿開啟了一扇通往地球奧祕的大門，感受到了大自然的鬼斧神工。

礦物：穿越自然的寶藏世界

■ 大地寶藏：礦物世界的奧祕與價值

在這個瞬息萬變的世界中，我們腳下的大地蘊藏著無數珍貴的寶藏。這些寶藏不是金銀財寶，而是形態各異、用途廣泛的礦物。讓我們一起深入探索這些神奇的地球產物，領略它們的美麗與價值。

首先，我們來認識鉀石鹽。這種蒸發岩礦物常與石膏、石鹽共生，晶體呈六面體，多為粒狀或塊狀集合體。純淨的鉀石鹽無色透明或白色，含雜質時則呈現各種絢麗色彩。它不僅是製造鉀肥的主要原料，還可用於提取鉀和製造鉀的化合物。從俄羅斯的烏拉爾到加拿大的薩斯喀徹溫省，鉀石鹽的產地遍布全球。

接下來是氯銀礦，這種次生礦物常見於乾熱地區銀硫化物礦床的氧化帶中。它的晶體十分罕見，通常以塊狀或薄片狀出現。氯銀礦具有獨特的性質，可在蠟燭火焰中熔化，溶於氨水但不溶於硝酸。它是重要的銀礦原料，主要產於智利、祕魯和玻利維亞等地。

光鹵石是另一種引人注目的礦物，由鉀和鎂的鹵化物組成。它通常以塊狀或粒狀集合體出現，純淨時呈白色或無色，含鐵時則呈現紅色。

光鹵石在空氣中易潮解，具有多種用途，如製造鉀肥、提取金屬鎂、生產鋁鎂合金等。德國的施塔斯富特和俄羅斯的索利卡姆斯克是著名的光鹵石礦床所在地。

最後，讓我們了解一下螢石。這種礦物因其在紫外線下發出螢光而得名。螢石晶體通常呈立方體或八面體，顏色多變，從淺綠、淺紫到無色不等。它在冶金工業中用作助熔劑，還是製造氫氟酸的重要原料。螢石的產地遍布全球，包括南非、墨西哥、蒙古等地。

這些礦物不僅形態各異，還在工業、農業和科技領域發揮著重要作用。它們是大自然饋贈給人類的寶貴禮物，值得我們深入研究和珍惜利用。

在地球的深處，隱藏著一個五彩繽紛的礦物世界。這個世界中的每一種礦物都有其獨特的特性和用途，彷彿是大自然精心調配的調色盤。讓我們一同探索這個奇妙的礦物王國，從冰晶石開始我們的旅程。

冰晶石，這種看似乎凡的白色礦物，在工業生產中卻扮演著舉足輕重的角色。它主要形成於岩漿岩中，蘊藏於偉晶岩中。雖然自然界中稀少，但人工製造的冰晶石被廣泛應用於煉鋁、研磨、冶金等多個領域，甚至還能用作農藥的殺蟲劑，經濟價值不可小覷。

與冰晶石相比，螢石則更像是大自然的調皮孩子。它的顏色多變，從淺綠、淺紫到無色，有時還會呈現出玫瑰紅色。最神奇的是，在紫外線照射或加熱時，螢石會散發出迷人的紫藍色螢光，這也是它名字的由來。螢石不僅美麗，在工業上也有重要用途，是製造氫氟酸的重要原料。

在這個礦物世界中，尖晶石無疑是最耀眼的明星。它的色彩豐富多彩，從無色到紅色、藍色、黃色等各種色彩都有。因其絢麗的色彩，尖

礦物：穿越自然的寶藏世界

晶石自古以來就被視為最美麗的寶石之一。甚至連英國皇室的王冠上，都鑲嵌著著名的尖晶石寶石。

紅鋅礦和赤銅礦則代表了礦物世界中的稀有珍品。紅鋅礦因其稀有性而備受收藏家和礦物學家的青睞。而赤銅礦雖然含銅量高達 88.82%，但由於分布範圍較小，只能作為次要的銅礦石。

這些礦物不僅展現了大自然的神奇創造力，也為人類的工業發展提供了寶貴的資源。它們的存在，讓我們得以一窺地球內部的奧祕，感受礦物世界的無窮魅力。

■ 尖晶石與赤鐵礦：礦物世界的奇妙色彩

在這個神奇的礦物世界中，我們要踏上一段奇妙的旅程，探索各種礦物的獨特魅力和驚人特性。讓我們從尖晶石開始，這種寶石級礦物以其絢麗多彩的外觀而聞名。想像一下，當熔融的岩漿侵入含有雜質的石灰岩或白雲岩中時，經過漫長的接觸變質作用，最終形成了這種美麗的晶體。尖晶石的八面體晶體形態宛如精心雕琢的藝術品，有時還會呈現立方體或菱形十二面體的聚集體。

尖晶石的色彩豐富得令人驚嘆，從無色、粉紅、紅色到紫紅、淺紫、藍紫，再到藍色、黃色和褐色，彷彿大自然的調色盤。難怪它自古以來就被視為最美麗的寶石之一。值得一提的是，世界上最具傳奇色彩的「帖木兒紅寶石」和鑲嵌在大英帝國國王王冠上的「黑色王子紅寶石」，其實都是尖晶石的傑出代表。

接下來，讓我們把目光轉向紅鋅礦。這種重要的鋅礦石雖然晶體罕見，但其暗紅色或橘黃色的粒狀、塊狀集合體卻散發著獨特的魅力。由於其稀有性，紅鋅礦一直是收藏家和礦物學家關注的焦點。

再來看看赤銅礦，這種次生礦物以其鮮豔的洋紅色新鮮表面吸引著我們的目光。雖然氧化後會變成暗紅色，但其金剛光澤或半金屬光澤依然迷人。赤銅礦質地柔軟卻極重，高達 88.82% 的含銅量使其成為重要的銅礦石之一。

最後，讓我們一起欣賞磁鐵礦和赤鐵礦的獨特之處。磁鐵礦以其強烈的磁性而聞名，不僅是重要的煉鐵原料，還是傳統中藥材。而赤鐵礦則以其多變的顏色和形態吸引著我們，從鐵黑色到暗紅色，有時還會形成美麗的「鐵玫瑰」。

這些礦物不僅擁有獨特的物理和化學特性，還在工業、醫藥和珠寶等領域發揮著重要作用。它們的存在提醒著我們，地球是一個充滿奇蹟和寶藏的星球，值得我們去探索和珍惜。

磁鐵礦，這種神奇的礦物不僅是煉鐵的重要原料，還被古人稱為「玄石」。想像一下，當你手持一塊磁鐵礦，感受它強大的磁力，彷彿握住了大自然的魔法。從瑞典的基律納到智利的拉科鐵礦，磁鐵礦遍布全球，默默地支撐著我們的現代文明。

接下來，讓我們把目光轉向鈦鐵礦。這種咖啡色或鐵黑色的礦物，

不僅是提取鈦的關鍵，還在我們日常生活中扮演著重要角色。從加拿大的埃拉德湖到澳洲的東海岸，鈦鐵礦的存在提醒我們地球資源的豐富多樣。

赤鐵礦則是另一個引人入勝的礦物。它的顏色變化豐富，從鐵黑色到暗紅色，彷彿在訴說著地球的滄桑歷史。有些赤鐵礦甚至會形成美麗的「鐵玫瑰」，自然界的鬼斧神工令人嘆為觀止。

談到珍貴的寶石，紅寶石和藍寶石無疑是其中的佼佼者。紅寶石被譽為「愛情之石」，象徵著熾熱的情感；而藍寶石則被稱為「靈魂寶石」，代表著高尚和誠實。這些寶石不僅美麗動人，還承載著人類的情感和想像。

最後，我們來了解水鎂石，這種低調而重要的礦物。它可能不如寶石那樣耀眼，但卻是提取鎂的重要來源。從美國到法國，水鎂石默默地為人類的科技進步做出貢獻。

每一種礦物都有它獨特的故事和價值，它們共同譜寫了地球的壯麗篇章。當我們漫步於這個礦物世界時，不禁感嘆大自然的鬼斧神工，以及地球所蘊藏的無窮奧祕。讓我們懷著敬畏之心，繼續探索這個奇妙的礦物王國，珍惜地球給予我們的每一份禮物。

■ 褐鐵礦與水錳礦：大自然的隱藏寶藏

褐鐵礦和水錳礦是兩種在地質學上極具意義的礦物，它們不僅在自然界中廣泛分布，還在工業生產中扮演著重要角色。讓我們一起深入了解這兩種礦物的特性和價值。

褐鐵礦與水錳礦：大自然的隱藏寶藏

　　褐鐵礦實際上是一個統稱，包括了針鐵礦和水針鐵礦等多種細小顆粒的礦物。由於這些礦物顆粒微小難辨，因此統一稱為褐鐵礦。這種礦物不會形成晶體，主要以塊狀、結核狀或鐘乳狀的集合體存在。褐鐵礦的顏色通常呈現黃褐色或淺黑色，條痕則是黃棕色。它具有半金屬或玻璃般的光澤，從半透明到不透明不等。

　　作為氧化後形成的常見次生物質，褐鐵礦在硫化礦床的氧化帶中經常形成紅色物質。這一特徵有助於地質學家在勘探過程中將其與磁鐵礦和赤鐵礦區分開來。雖然褐鐵礦中的鐵含量相對較低，但由於其易於冶煉的特性，它仍然是一種重要的鐵礦石資源。主要的褐鐵礦產地包括法國的洛林、德國的巴伐利亞以及瑞典等地區。

　　在氧化條件不太充分的環境中，另一種有趣的礦物，水錳礦會形成。水錳礦是一種鹼性的錳氧化物礦物，常見於低溫熱液礦脈中，以金屬或重晶石的形態出現，經常與方解石共生。有趣的是，水錳礦還可能在湖泊和沼澤中形成。

　　水錳礦的晶體呈柱狀，柱面上有縱紋，通常以雙晶的形式存在。除了晶體形態，水錳礦還可能以塊狀、纖維狀、粒狀或結核狀的集合體出

現。它的顏色多為深灰色或黑色，條痕則呈現紅棕色或黑色。水錳礦具有半金屬光澤，且不透明。主要的水錳礦產地包括英國的康沃爾、美國的克勞里德、德國的哈爾斯山脈和加拿大等地。

碳酸鹽礦物：文石、方解石與白雲石的特性與應用

在礦物學的世界裡，碳酸鹽礦物占據著重要的地位。它們不僅在自然界中廣泛分布，還在人類的日常生活和工業生產中扮演著不可或缺的角色。讓我們一起探索三種主要的碳酸鹽礦物：文石、方解石和白雲石。

文石，又稱霰石，是一種相對稀少的礦物。它主要形成於變質岩和沉積岩中，有時也會出現在動物的貝殼或骨骸中，甚至在海水和溫泉周圍的沉積物中都能找到它的蹤跡。文石的晶體通常呈現柱形，常見的是雙晶結構。當雙晶交錯生長時，會形成獨特的六方體。這種礦物的外觀多變，可能呈現柱狀、鐘乳狀或纖維狀的集合體。它的顏色也十分豐富，從白色、無色到灰色、綠色、藍色等都有。文石具有玻璃光澤或油

脂光澤，透明到半透明，條痕呈白色。值得一提的是，美國加州是世界上主要的文石產地。

相比之下，方解石是一種分布更為廣泛的礦物。它是石灰岩和大理石的重要組成部分，主要形成於石灰岩中。有趣的是，當溶液中的重碳酸鈣遇到合適的條件時，也能沉澱形成方解石。這種礦物的晶體形狀多種多樣，常見的有菱面體和三角面體，也經常出現雙晶。方解石可以呈現粒狀、塊狀、鐘乳狀、纖維狀及晶簇狀等多種集合體形態。它的顏色範圍非常廣，從無色到白色、紅色、綠色、黑色等都有。其中，無色透明的晶體被稱為冰洲石，是製作高級光學儀器的重要材料。方解石在工業上有著廣泛的應用，可以用作冶金溶劑，也是水泥和石灰的重要原料。

最後，讓我們來了解白雲石。這種礦物是白雲岩和白雲質灰岩的主要成分，通常形成於高溫礦脈或富鎂變質岩中。它也常見於結晶石灰岩和碳酸鹽岩石的孔穴內，有時還作為各種沉積岩的膠結物。白雲石的晶體結構與方解石相似，通常呈菱面體，晶面常常彎曲成馬蹄狀。純淨的白雲石呈白色，但含有雜質時可能呈現灰色、粉紅色或棕色。這種礦物具有廣泛的實用性，在建築、化工、農業、環保等多個領域都有重要應用，尤其是在鋼鐵冶煉和耐火材料製造中扮演著關鍵角色。

▌孔雀石：寶石中的綠孔雀

孔雀石，這種獨特的綠色寶石，自古以來就以其獨特的美麗和神祕的力量吸引著人們。它不僅是一種珍貴的礦物，更是一個跨越時空的文化符號。

讓我們一起探索孔雀石的奇妙世界。首先，從地質學角度來看，孔雀石是一種含銅的碳酸鹽礦物，主要形成於銅礦床的氧化帶中。它常常與藍銅礦等礦物共生，形成獨特的礦物組合。孔雀石的晶體呈現出柱狀或針狀，但更常見的是以隱晶質的鐘乳狀、塊狀、皮殼狀、結核狀或纖維狀的集合體出現。

最引人注目的是孔雀石那令人驚嘆的顏色。它呈現出各種深淺不一的綠色，從明亮的孔雀綠到深邃的暗綠色不等。這種豐富的色彩變化，加上其獨特的條狀花紋，使得孔雀石在寶石界中獨樹一幟。正是這種獨特性，使得孔雀石幾乎不存在仿冒品，因為其他寶石難以模仿其複雜的紋理和色彩。

孔雀石不僅美麗，還具有豐富的文化內涵。早在 4000 年前，古埃及人就開始使用孔雀石。他們將其製成護身符，讓兒童佩戴，相信能夠驅除邪惡。在德國，人們則認為佩戴孔雀石可以避免死亡的威脅。這些古老的傳說為孔雀石增添了一層神祕的色彩。

在現代社會，孔雀石的用途更加多樣化。它被廣泛用於製作各種精美的首飾，如雞心吊墜、蛋形戒面和項鏈。此外，孔雀石還可以製成印

章，為檔案增添一抹優雅的綠色。

對於地質工作者來說，孔雀石還有另一個重要作用。它是尋找黃銅礦的重要標誌物。在野外勘探時，發現孔雀石往往意味著黃銅礦的存在，這使得孔雀石在礦產勘探中扮演著重要角色。

孔雀石主要產於俄羅斯、羅馬尼亞和巴西等地。每個產地的孔雀石都有其獨特的特徵，為收藏家和寶石愛好者提供了豐富的選擇。

總之，孔雀石不僅僅是一種美麗的寶石，它還承載著豐富的歷史和文化內涵，在珠寶、藝術和科學領域都有著重要的地位。無論是欣賞其美麗的外表，還是探索其深層的意義，孔雀石都是一種值得我們關注和珍惜的寶石。

奇妙寶藏：
四硼酸鈉、石膏與重晶石的特性與應用

在地球這個巨大的寶庫中，蘊藏著無數奇妙的礦物。讓我們一同探索這些神奇的地下寶藏，領略大自然的鬼斧神工。

首先映入眼簾的是四硼酸鈉，這種含水的硼酸鈉礦物雖然發現較

晚，卻展現出獨特的魅力。它常以短柱形晶體或塊狀集合體出現，無色或白色的外表下隱藏著玻璃般的光澤。1926 年，它在加州莫哈維沙漠被發現，為礦物學增添了新的篇章。

接下來，我們來到了硫酸鹽、鉻酸鹽、鉬酸鹽和鎢酸鹽的世界。這些化合物各具特色，如廣為人知的石膏就是一種硫酸鹽。石膏不僅在工業上有著廣泛應用，在醫學領域也大有作為，從製造水泥到治療燙傷，無所不能。

天青石則是一種珍稀的礦物，全球儲量僅有 2 億噸。它的多彩外表和珍稀程度使其成為礦物收藏家的最愛。作為提取鍶的重要原料，天青石的經濟價值不言而喻。

硬石膏是另一種引人注目的礦物。它常與其他蒸發岩礦物共生，晶體形態多樣，色彩豐富。純淨的硬石膏晶瑩剔透，若含有雜質則呈現出各種迷人的色彩。

最後，我們來認識重晶石，這種非金屬礦物在工業領域的應用極其廣泛。從造紙到鑽井，從道路建設到輪胎填充，重晶石的用途可謂無所不在。它的高密度特性使其成為許多產業不可或缺的原料。

這些礦物各具特色，有的晶瑩剔透，有的色彩斑斕，有的用途廣泛，有的珍稀罕見。它們共同譜寫了地球的地質史詩，為人類的發展提供了寶貴的資源。讓我們懷著敬畏之心，繼續探索這個奇妙的礦物世界，發現更多大自然的奧祕。

奇妙色彩：硫酸鹽類礦物的多樣性與應用

在地球的礦物王國中，硫酸鹽類礦物展現出令人驚嘆的多樣性和實用價值。讓我們一同探索這個奇妙的世界，了解膽礬、明礬、雜鹵石和青鉛礦等礦物的獨特特徵和用途。

膽礬，這種美麗的藍色晶體，不僅在自然界中呈現出迷人的外觀，還在醫學領域發揮重要作用。想像一下，當你漫步在礦山中，突然發現一塊閃耀著天藍色光芒的晶體，那就是膽礬在向你招手。它的多變色彩從天藍到深藍，甚至淺綠，彷彿大自然的調色盤。有趣的是，這種看似乎凡的礦物竟然能在醫療中派上用場，它那令人反射性嘔吐的特性，成為醫生手中解毒的利器。

轉眼間，我們來到了明礬的世界。這種廣泛分布的礦物，彷彿是火山岩經過歲月洗禮後的饋贈。它的晶體像一個個小小的菱形寶石，在陽光下閃爍著白色、淺紅或淺黃的光芒。明礬不僅美麗，還十分實用。它在工業領域大顯身手，從煉鋁到製造肥料，無處不在。

接下來，讓我們一起認識雜鹵石，這個藏身於蒸發岩中的神祕礦物。雖然它很少在火山周圍露面，但卻在鹽礦中與其他礦物和諧共處。純淨的雜鹵石宛如一片潔白的雪花，但若含有氧化鐵，就會變身為粉嫩的粉紅色，彷彿害羞的少女。它那纖細的身姿，常常以纖維狀或葉片狀

161

的集合體呈現，為大地增添一抹柔美。

最後，我們來到青鉛礦的世界。這種次生礦物常常與其他礦物結伴而生，彷彿在地下世界中結伴同行。它那獨特的青藍色晶體，像是大海的化身，在地底深處悄悄綻放。青鉛礦的產地遍布全球，從阿根廷到澳洲，從加拿大到俄羅斯，彷彿是大自然餽贈給全世界的寶藏。

這些硫酸鹽類礦物，每一種都有其獨特的魅力和價值。它們不僅豐富了我們的視覺體驗，還在醫學、工業等領域發揮著重要作用。當我們漫步於大自然中，不妨多留意腳下的世界，也許下一秒，你就會發現這些奇妙礦物的蹤跡。

在礦物學的世界裡，有許多令人驚嘆的寶藏等待我們去發現。今天，讓我們一同探索三種特別迷人的礦物：絨銅礦、鉻鉛礦和鉬鉛礦。

絨銅礦是一種美麗的藍色礦物，主要形成於銅礦的氧化帶中。它的晶體呈細小的針狀，通常以簇狀的集合體出現，有時也會形成皮殼狀或纖維狀細脈。絨銅礦的顏色變化豐富，從淺藍色到深藍色不等，具有迷人的絲絹光澤，半透明的特性更增添了它的魅力。當你觀察絨銅礦的斷口時，會發現它呈參差不齊的狀態，而它的條痕則呈現出淺藍色。

鉻鉛礦是另一種引人注目的礦物，常見於含鉻和鉛的礦脈或礦床的蝕變帶和氧化帶中。它的晶體呈細長柱狀，多以塊狀集合體的形式存在。鉻鉛礦最引人注目的特徵是其鮮豔的橘紅色，但如果含有雜質，顏色可能會變為橘黃色、紅色或黃色。這種礦物具有金剛光澤或玻璃光澤，半透明，斷口呈亞貝殼狀，條痕呈黃色。

鉻鉛礦不僅外表美麗，在實際應用中也有重要價值。它易溶於強酸，這一特性使得我們可以利用強酸從礦物中提取鉻鉛礦。作為最早發現元素鉻的礦物，鉻鉛礦在工業上有重要應用，如用於金屬表面防鏽處

理。此外，由於其鮮豔的顏色，鉻鉛礦還被廣泛用作顏料。

最後，讓我們來了解鉬鉛礦這種迷人的礦物。它是一種鉛鉬酸鹽礦物，主要由鎢、釩、鈣和稀土元素等物質組成。鉬鉛礦常見於礦床循環流體作用的氧化帶中，經常與白鉛礦、褐鐵礦、方鉛礦和孔雀石等礦物共生。

鉬鉛礦的晶體屬於四方晶系，呈現出多樣的形態，包括板狀、柱狀，有時還會出現雙錐狀。純淨的鉬鉛礦顏色從稻草黃到蠟黃不等，但當含有鎢時，顏色會變為橘紅色或褐色。這種礦物具有松枝光澤或金剛光澤，從透明到半透明，斷口呈亞貝殼狀，條痕顏色從白色到淺黃色。

■ 鎢礦：黑白對比下的地球寶藏

鎢，這種被譽為「工業之骨」的金屬元素，在地球的懷抱中以兩種主要形態存在：黑鎢礦和白鎢礦。它們就像是地球深處的一對雙胞胎，各自擁有獨特的特性，卻共同構成了鎢元素的豐富寶庫。

讓我們先來認識黑鎢礦，這個鎢錳礦系列中的佼佼者。它常常與錫

礦物：穿越自然的寶藏世界

石、毒砂等礦物結伴而生，在花崗偉晶岩的石英礦脈中悄然藏身。黑鎢礦的晶體形態多變，有時是挺拔的柱狀，有時又是平整的板狀，更多時候它們以雙胞胎的姿態出現，形成塊狀的集合體。有趣的是，黑鎢礦的顏色會隨著其中鐵和錳的含量而變化，就像是一位善變的藝術家，從褐紅色到深邃的黑色，無一不是它的傑作。

與之形成鮮明對比的是白鎢礦，這個屬於四方晶系的無酸鹽礦物。它的外表看起來就像是一顆顆晶瑩剔透的粒狀石塊。白鎢礦有一個特別的本領，在紫外線的照射下或者經過加熱後，它會害羞地變成紫色，彷彿是在向我們展示它的神奇魔力。

這對鎢礦兄弟雖然外表迥異，但它們都是提煉鎢的重要來源。它們常常形影不離，一同出現在接觸變質岩和偉晶岩中，有時還會在砂積礦床中相遇。白鎢礦的晶體形態也很有特色，可能是假八面體，也可能是四方雙錐，但更多時候是以粒狀、緻密塊狀或塊狀的集合體出現。

在世界的舞臺上，這對鎢礦兄弟也各有各的表演場地。黑鎢礦喜歡在俄羅斯的西伯利亞、緬甸、泰國、澳洲和玻利維亞等地出沒。而白鎢礦則偏愛韓國、德國的薩克森、英國的康沃爾、澳洲的新南威爾斯、玻利維亞北部，以及美國的內華達州等地。

■ 地球寶庫：探索奇妙礦物世界

在這個浩瀚的地球上，蘊藏著無數令人驚嘆的寶藏。讓我們一同踏上一段奇妙的礦物探索之旅，揭開大自然的神祕面紗。

首先映入眼簾的是天藍石，這種美麗的礦物彷彿將蔚藍的天空凝結成形。它常與紅柱石、金紅石等礦物為伴，在石英礦脈和花崗偉晶岩中

悄然形成。天藍石的晶體呈現雙錐狀或板狀，體積頗大，常見雙晶。它的藍色、淺藍色或藍綠色外表，加上玻璃般的光澤，使其成為可與青金石媲美的上等寶石。

接下來，我們遇到了藍鐵礦，這種含水磷酸鹽類礦物主要在鐵礦床和錳礦床的氧化帶中形成。純淨的藍鐵礦原本無色，但隨著風化過程顏色逐漸加深。雖然它的硬度較低且易碎，不適合製作首飾，但卻可作為其他礦物的著色劑，為寶石世界增添色彩。

再往深處，我們發現了獨居石，這個具有放射性的礦物系列包括獨居石鈰、獨居石鑭和獨居石釹。它常見於偉晶岩和變質岩的礦脈中，有時還能在河流或灘地的砂層中找到。獨居石的晶體雖小，但色彩豐富，從棕色、紅棕色到粉紅色、淺綠色不等，展現了大自然的調色功力。

我們的旅程來到了綠松石，這種被稱為「土耳其玉」的寶石。它很少形成晶體，卻以各種奇特的形態出現，如鐘乳狀、結核狀等。綠松石的藍綠色調令人聯想到碧海藍天，難怪它被國際珠寶界視為珍品，甚至細分為四個品級。

礦物：穿越自然的寶藏世界

　　最後，讓我們一睹銀星石和磷灰石的風采。銀星石雖然晶體細小，但其放射狀、針狀的集合體卻頗具特色，甚至還被用於醫療領域。而磷灰石不僅是重要的工業原料，其晶瑩剔透的晶體更是收藏家的最愛。

　　這趟礦物之旅讓我們領略了大自然的鬼斧神工。每一種礦物都有其獨特的形成過程和特性，共同譜寫了地球的壯麗篇章。讓我們懷著敬畏之心，繼續探索這個奇妙的礦物世界吧！

　　綠松石這種被稱為「土耳其玉」的寶石，以其獨特的藍綠色調而聞名。綠松石通常不會形成晶體，而是以各種有趣的形態出現，如塊狀、粒狀，甚至鐘乳狀。國際珠寶界將綠松石分為四個品級，其中波斯級被公認為最優質的。

　　接下來，我們來到銀星石的世界。這種次生礦物常形成於岩石縫隙中，呈現出放射狀或針狀的美麗集合體。雖然銀星石在珠寶界可能不如綠松石有名，但它在醫藥領域卻大有用處，被用來治療某些出血症狀。

　　我們的旅程繼續，來到磷灰石的國度。這種礦物不僅在工業上有重要用途，還因其透明潤美的晶體而具有收藏價值。俄羅斯以其優質的磷灰石而聞名，為礦物愛好者提供了許多珍貴的標本。

　　接著，我們遇到了水砷鋅礦。這種礦物以其獨特的黃綠色調和球狀塊體而引人注目。雖然它可能不像其他寶石那樣常被用於製作珠寶，但其獨特的外觀仍然吸引著礦物學家和收藏家的目光。

　　我們的旅程繼續深入，來到了光線礦的領域。這種次生礦物以其奇特的薔薇花狀集合體而聞名，從藍綠色到黑綠色的色彩變化為它增添了神祕感。

　　最後，我們遇到了鈷華和砷鉛礦這兩種有趣的礦物。鈷華不僅用於工業，還是地質學家尋找自然銀礦的重要線索。而砷鉛礦則以其多樣的

顏色和獨特的性質吸引著我們的注意。

　　這趟奇妙的寶石之旅讓我們領略了大自然的鬼斧神工。每一種礦物都有其獨特的故事，無論是在珠寶、工業還是科學研究中，它們都扮演著重要的角色。這個豐富多彩的礦物世界，永遠充滿著等待我們去探索的奧祕。

■ 橄欖銅礦與釩鉛礦：礦物世界的奇妙之旅

　　在這個神奇的礦物世界裡，每一種礦物都有其獨特的特徵和魅力。讓我們一起踏上一段奇妙的旅程，探索這些令人著迷的地球寶藏。

　　首先映入眼簾的是橄欖銅礦，它常與孔雀石等礦物相伴而生。想像一下，在硫化銅礦床的氧化帶中，橄欖銅礦以各種形態展現自己的美麗：柱狀、針狀、板狀，甚至是球狀和腎狀。它的顏色豐富多彩，從橄欖綠到棕色，再到淺黃色、灰色或白色。當你觸碰它的時候，會感受到玻璃般的光澤或絲綢般的質感。有趣的是，如果你將它加熱，居然會聞到類似大蒜的氣味！

礦物：穿越自然的寶藏世界

接下來，我們遇到了臭蔥石，這個名字聽起來有點滑稽，但它卻是一種罕見的寶石。它喜歡在含砷礦的外層氧化帶或溫泉周圍安家。臭蔥石的顏色更是繽紛絢爛，從綠色、藍色到棕色、無色，甚至是優雅的紫羅蘭色。如果你在封閉空間裡加熱它，它會像魔法一樣釋放出水分，同時散發出大蒜的氣味。

我們的旅程繼續，來到了釩鉀鈾礦的領地。這種礦物雖然個頭小，但卻蘊含著巨大的能量。它通常以粉狀或皮殼狀的形態出現，顏色鮮豔奪目，像是鮮紅色或綠黃色。值得注意的是，它具有很強的放射性，是提取鈾、釩及鐳的重要原料。

最後，我們遇到了釩鉛礦，這個稀有的寶貝。它的晶體結構像磷灰石一樣，但卻有著獨特的魅力。想像一下，在乾旱的地區，它從原生鉛礦石中慢慢形成，有時甚至會長成空心的柱狀晶體！它的顏色同樣豐富，從鮮紅色到黃色，在陽光下閃耀著松脂般的光澤。難怪它成為了許多礦物收藏家的寵兒。

首先映入眼簾的是八月的誕生石——橄欖石。這種被稱為「黃昏的祖母綠」的寶石，不僅象徵著夫妻幸福，還被古埃及人奉為「太陽的寶石」。橄欖石的色彩豐富多樣，從翠綠到金黃，彷彿凝聚了大地的精華。在夏威夷，人們甚至將其譽為「火神的眼淚」，可見其在不同文化中的重要地位。

接著我們來到矽鎂石的世界。這種晶體雖然小巧，卻以其多變的形態和色彩吸引著我們的目光。從純淨的白色到溫暖的橙色，矽鎂石彷彿是大自然的調色盤，展現著礦物世界的多樣性。

黃玉則是另一個引人注目的寶石。它不僅美麗，還具有實用價值，可作為研磨材料和儀表軸承。巴西的米納斯吉拉斯州盛產的黃玉，色彩之豐富令人嘆為觀止，從清澈的無色到深邃的藍色，無一不是大自然的傑作。

十字石因其獨特的十字外形而得名，是礦物學和岩石學研究中的重要對象。它的存在不僅增添了礦物世界的神祕感，也為科學家們提供了寶貴的研究素材。

最後，讓我們把目光投向紅柱石。這種礦物不僅美麗，還是現今最優質的耐火材料之一。它在工業領域的廣泛應用，展現了礦物世界與人類科技發展之間的緊密連繫。

每一種礦物都有其獨特的形成過程和特性，它們共同譜寫了地球的壯麗詩篇。透過探索這些礦物，我們不僅能欣賞到大自然的鬼斧神工，更能深入了解地球的演化歷程。讓我們懷著敬畏之心，繼續探索這個神奇的礦物世界，感受大地的無窮魅力。

藍色三精品：地球深處的珍寶

在地球的深處，隱藏著許多令人驚嘆的礦物寶藏。今天，讓我們一同探索三種獨特的藍色礦物：藍晶石、藍線石和藍柱石。這三種礦物雖然名字相似，但各自擁有獨特的特性和用途，堪稱是大自然的藍色寶石三姐妹。

礦物：穿越自然的寶藏世界

首先登場的是藍晶石，這種島狀結構的矽酸鹽礦物常見於變質岩中。想像一下，當你漫步在一片片岩或片麻岩地帶時，腳下可能就蘊藏著這種神奇的礦物。藍晶石的晶體形態多變，有時呈現柱狀或片狀，有時則彎曲如蛇，還會以塊狀或前衛狀的集合體出現，彷彿是大自然的藝術品。

藍晶石的色彩世界更是豐富多彩，從深邃的藍色到純淨的白色，再到神祕的黑色，應有盡有。當光線照射在藍晶石表面時，你會發現它散發出迷人的玻璃光澤或珍珠光澤，彷彿能夠捕捉住光的精華。

接下來是藍線石，這位低調的姐妹常常隱身於富含鋁的變質岩或偉晶岩中。雖然藍線石的晶體也是柱狀，但更常見的是片狀、纖維狀或放射狀的集合體，就像是一朵朵綻放的礦物之花。藍線石的色彩同樣豐富，從清新的藍色到浪漫的紫羅蘭色，再到溫暖的棕色，每一種顏色都有其獨特的魅力。

最後，讓我們認識藍柱石，這位優雅的姐妹主要生長在偉晶岩和沖積砂礦床中。藍柱石的晶體總是保持著筆直的柱狀，彷彿在礦物世界中挺立不倒。雖然藍柱石的顏色選擇不如姐妹們豐富，但其純淨的藍色、白色或透明無色的晶體同樣令人著迷。

這三姐妹不僅美麗，還各有其獨特的實用價值。藍晶石是優質的耐火材料，在工業上大有用武之地；藍線石可用於製作工業熔爐的內層；而藍柱石除了可以製作成美麗的寶石，還能用來提取重要的金屬元素鈹。

在地球漫長的地質演化過程中，岩石經歷了無數次的變遷。在這些變質岩中，我們發現了許多獨特而美麗的礦物，它們不僅在科學研究中具有重要意義，還因其獨特的外觀和性質而被人們珍視。讓我們一起探索幾種令人著迷的變質礦物：十字石、硬綠泥石和藍晶石。

十字石因其獨特的十字外形而聞名。這種島狀結構的矽酸鹽礦物主要形成於富含鐵和鋁質的泥質岩石的變質岩中。它的晶體呈現短柱狀，橫斷面為菱形，常見的顏色包括棕色、黃色或黑色。十字石具有玻璃光澤或松脂光澤，從半透明到不透明不等。透明的十字石更是被視為珍貴的寶石，在礦物學和岩石學研究中扮演著重要角色。

　　硬綠泥石則是另一種常見於變質泥岩中的礦物。它通常以片狀、塊狀或鱗片、玫瑰花狀的集合體出現，顏色從深灰色到黑綠色不等。硬綠泥石的獨特之處在於其較高的硬度，這使得它成為製作硯石的理想材料。值得一提的是，瑞典是硬綠泥石最著名的產地。

　　藍晶石是一種多彩多姿的礦物，常見於片岩、片麻岩等變質岩中。它的晶體呈柱狀或片狀，有時還會出現彎曲的形態。藍晶石的顏色豐富多樣，包括藍色、白色、灰色、綠色、黃色和黑色等。這種礦物不僅是優質的耐火材料，還因其獨特的美感而被製作成寶石戒面、手鏈和項鏈。

　　這些變質礦物不僅展現了大自然的神奇造物，也為我們提供了寶貴的工業原料和美麗的裝飾品。它們的存在，讓我們得以一窺地球深處的奧祕，感受地質變遷的魅力。

　　無論是漫步在巴西的米納斯吉拉斯，還是探索加拿大的荒野，或是遊覽美國的加州，你都有機會邂逅這些藍色寶石三姐妹。它們不僅是地球的珍寶，更是大自然鬼斧神工的見證。讓我們一同欣賞這些藍色奇蹟，感受大自然的神奇與美妙吧！

　　探索三種引人入勝的礦物：異極礦、符山石和綠柱石。

　　異極礦是一種由閃鋅礦氧化而成的礦物，常見於鉛鋅硫化物礦床的氧化帶中。它的晶體呈現薄板狀，表面有著縱向條紋，還能以多種形態出現，如塊狀、葡萄狀或纖維狀等。異極礦的顏色豐富多彩，從白色、

礦物：穿越自然的寶藏世界

藍色到棕色不等，具有玻璃光澤或絲絹光澤，透明度也有所變化。有趣的是，異極礦被認為具有穩定釋放能量的特性，因此在醫療保健領域得到應用，甚至被製作成飾品佩戴，據說能夠平靜心情。

符山石是另一種迷人的礦物，屬於島狀結構的矽酸鹽礦物。它主要形成於接觸蝕變的石灰岩和某些岩漿岩中，晶體屬於四方晶系，常呈現四方體和四方錐形。符山石的顏色同樣多樣，包括黃色、灰色、綠色和褐色等。質地細膩的符山石被視為優質寶石，其中美國加州出產的綠色、綠黃色緻密塊狀符山石因其獨特的美感而被稱為「加州玉」。

綠柱石則是一種環狀結構的矽酸鹽礦物，屬於六方晶系。它主要形成於偉晶岩或花崗岩中，有時也出現在變質岩中。綠柱石的晶體是六方體，表面有縱紋，可以形成巨大的晶體，長度甚至可達 5 公尺，重達 18 噸。綠柱石的顏色變化豐富，根據所含元素的不同，可呈現出各種美麗的色彩，如粉紅色的「玫瑰綠柱石」、翠綠色的「祖母綠」、淡藍色的「海藍寶石」等。

這些礦物不僅在地質學上具有重要意義，也因其獨特的外觀和特性在珠寶、工業和醫療等領域得到廣泛應用。它們展現了大自然的鬼斧神工，為我們呈現出一個色彩斑斕、形態各異的礦物世界。

■ 大自然的寶藏：電氣石和其他奇妙礦物

在這個奇妙的礦物世界中，電氣石無疑是一顆閃耀的明星。這種別稱為「碧璽」的礦物，不僅在外觀上引人注目，其內在特質更是令人驚嘆。想像一下，在花崗岩或變質岩的懷抱中，電氣石以其獨特的柱狀晶體悄然形成，表面的縱紋彷彿在訴說著地球的滄桑歷史。

電氣石的七個品種各具特色，從鋰電氣石到鈣鎂電氣石，每一種都有其獨特的魅力。它們的斷口如貝殼般優雅，或如參差的山峰般粗獷，展現出大自然的鬼斧神工。更令人驚訝的是，電氣石不僅美麗，還蘊含著豐富的礦物質，成為人體健康的天然寶庫。

　　與電氣石相比，黑柱石則展現出一種截然不同的氣質。它多半誕生於岩漿的熾熱擁抱中，或在熔岩的變質過程中悄然成形。黑柱石的柱狀晶體上，那些金剛石般的橫截面和條紋，無不彰顯著它的獨特性。在火焰中，它甚至能夠展現出熔化的神奇一面。

　　斧石則是另一個引人入勝的礦物。它的名字或許來源於其楔形的晶體，彷彿一把小巧的斧頭。斧石的魅力在於其豐富的色彩，從紅棕到紫羅蘭，每一種顏色都是大自然的傑作。而法國，作為世界最著名的斧石產地，更是為這種礦物增添了幾分神祕色彩。

　　最後，讓我們把目光投向鋰輝石。這種礦物常常與其他礦物朋友們共處一室，如石英、綠柱石等。鋰輝石的晶體宛如扁平的柱子，有時還會形成令人驚嘆的巨大晶體。它的色彩豐富多樣，從純淨的無色到柔和的淺綠，每一種都美不勝收。而當它在火焰中燃燒時，那耀眼的紅色火

礦物：穿越自然的寶藏世界

焰更是一場視覺盛宴。

在這個絢麗多彩的礦物世界中，每一種礦物都有其獨特的故事和魅力。它們不僅是地球漫長歷史的見證者，更是大自然餽贈給我們的珍貴禮物。讓我們懷著敬畏和好奇的心情，繼續探索這個奇妙的礦物王國吧！

硬玉和陽起石，兩種看似乎凡卻蘊含無窮魅力的礦物，一直以來都吸引著地質學家和珠寶愛好者的目光。讓我們一同探索這兩種礦物的奧祕吧。

硬玉，這種由鋼和鋁的矽酸鹽礦物組成的寶石，其成分可謂豐富多樣。從主要的二氧化矽到微量的鉻、鎳，每一種元素都為硬玉增添了獨特的特性。它主要形成於超基性岩和某些片岩中，有時也會在小礦脈或燧石、雜砂岩透鏡體中悄然誕生。

硬玉的晶體形態十分有趣。雖然通常以塊狀或粒狀的集合體出現，但偶爾也會形成細小的柱狀晶體，表面還有精緻的條紋。更令人驚奇的是，如果它真的形成晶體，往往是成雙成對的雙晶。

顏色是硬玉最引人注目的特徵之一。綠色是它的招牌色，但也不乏白色、灰色和紫紅色的變種。若含有氧化鐵雜質，還會呈現出黃色或棕色。這種多樣性使得硬玉可以劃分為 20 多個品種，每一種都有其獨特的美。

相比之下，陽起石雖然同屬矽酸鹽類礦物，但有著截然不同的特點。它是角閃石族透閃石的一員，主要在片岩和角閃岩中形成。陽起石的晶體形態多變，可以是長葉片狀、雙晶，也可以是片狀、柱狀、纖維狀或粒狀的集合體。

陽起石的顏色範圍從淡綠色到墨綠色不等，具有獨特的貝殼狀或參

差狀斷口。它的條痕呈白色，光澤如玻璃，透明度也有很大變化。有趣的是，陽起石不僅是一種美麗的礦物，還被認為具有藥性，特別是在中國傳統醫學中。

無論是硬玉還是陽起石，這兩種礦物都展示了大自然的鬼斧神工。它們不僅是地質學研究的寶貴對象，也是珠寶和藝術創作的絕佳材料。讓我們懷著敬畏之心，繼續探索這些奇妙礦物的祕密吧。

■ 岩石寶藏：神祕礦物的奇妙世界

在地球的深處，隱藏著無數奇妙的礦物，它們各自擁有獨特的特性和魅力。讓我們一同探索這個神祕的礦物世界，了解它們的形成、特徵和用途。

首先，我們來認識針鈉鈣石。這種礦物主要形成於玄武岩的空洞中，常與沸石類礦物為伴。它的外觀十分特別，常呈現針狀的集合體，有時還會以塊狀或板狀的形式出現。顏色變化豐富，從白色、無色到淺灰色、深色都有。它的斷口呈現參差狀，條痕則是白色的。在光線下，針鈉鈣石會散發出玻璃般或絲絹般的光澤，透明度從透明到半透明不

礦物：穿越自然的寶藏世界

等。有趣的是，我們可以透過一些簡單的測試來鑑定它，比如觀察它在鹽酸中是否會產生凝膠現象，或者在密閉空間加熱時是否會釋放少量水分。

接下來，讓我們把目光轉向矽灰石。這種礦石有兩種自然類型：矽卡岩型和矽灰石型。它們的形成環境和伴生礦物各不相同，展現了大自然的多樣性。矽灰石的晶體結構也很有意思，可以是緻密塊狀的，也可以是粗晶的。有些極細粒緻密的矽灰石甚至呈現出玉的質感，讓人驚嘆不已。

最後，我們來了解一下柱星葉石。這種副礦物主要形成於中性深成岩中，常常與藍錐礦和鈉沸石等礦物作伴。它的晶體呈現柱狀，晶面是正方形的。顏色通常是黑色或深棕色，斷口像貝殼一樣，條痕則呈現紅棕色。在光線下，它會散發出玻璃般的光澤，但是不透明的。

這些礦物不僅在地質學上具有重要意義，有些還在工業中發揮著重要作用。例如，矽灰石已成為一種新興的工業原料，在陶瓷、冶金、塗料等多個領域都有廣泛應用。它們的存在，豐富了我們的世界，也為人類的發展提供了寶貴的資源。

深入了解三種獨特而迷人的礦物：針鈉鈣石、矽灰石和柱星葉石。

針鈉鈣石，這種神奇的礦物主要形成於玄武岩的氣孔中，彷彿是大自然精心雕琢的藝術品。想像一下，當你漫步在一片玄武岩地帶時，突然發現一個個細小的空洞中閃耀著針狀結晶，那該是多麼令人興奮的發現啊！針鈉鈣石常常與沸石類礦物為伴，彷彿是礦物世界中的好朋友。它們的外表可能看起來平平無奇，但在顯微鏡下，卻呈現出令人驚嘆的美麗結構。

當我們將目光轉向矽灰石時，彷彿進入了另一個奇妙的世界。這種

新興的工業原料有著多變的面貌，從緻密塊狀到粗晶狀，每一種形態都訴說著不同的地質故事。想像一下，當你手持一塊玉狀的矽灰石，感受它光滑細膩的質地，你會不會想到這個看似乎凡的石頭竟然在現代工業中扮演著如此重要的角色？從陶瓷到電焊，從橡膠到紙張，矽灰石的應用範圍之廣，足以讓人驚嘆大自然的鬼斧神工。

最後，讓我們把注意力放在神祕的柱星葉石上。這種深藏於地下的礦物，彷彿是大自然的一個小祕密。它的黑色或深棕色外表，配上正方形的晶面，給人一種莊重而神祕的感覺。當你手持一塊柱星葉石，是否能感受到它所承載的地質年代的重量？從格陵蘭島到加州，從加拿大到澳洲，柱星葉石的足跡遍布全球，每一處產地都有它獨特的故事。

這些礦物不僅是地球的寶藏，更是我們認識這個星球的重要窗口。它們記錄著地球的變遷，見證著大自然的奇蹟。當我們深入了解這些礦物時，我們不僅在學習科學知識，更是在欣賞大自然的藝術傑作。讓我們懷著敬畏和好奇的心，繼續探索這個奇妙的礦物世界吧！

雲母家族：地球化學的多彩寶藏

雲母家族是一個令人著迷的礦物群，其中包括白雲母、鋰雲母和黑雲母等成員，各具獨特的特性和用途。這些礦物在地球的地質歷史中扮演著重要角色，不僅見證了岩石的形成過程，還為人類提供了寶貴的工業原料。

白雲母是雲母家族中最常見的成員之一，在全世界分布廣泛。它主要形成於花崗岩等酸性岩漿岩中，也存在於片岩、片麻岩等變質岩中。白雲母的晶體呈現優雅的板狀結構，表面常呈六邊形，有時還會形成雙

晶。它的顏色多變，從純淨的白色到各種灰色、綠色、紅色和棕色都有可能。白雲母具有極強的隔熱性，這使得它在工業應用中極為珍貴。

　　鋰雲母，又稱鱗雲母，是一種重要的鋰礦物。它常常與電氣石等礦物共生於花崗岩和偉晶岩等酸性岩石中，有時也出現在富含錫的礦脈中。鋰雲母的晶體呈板狀，通常是假六面形的。它的顏色範圍包括粉紅色、紫色、淺灰色和白色等，具有迷人的珍珠光澤。鋰雲母最引人注目的特性是它在熔化時會產生氣泡和深紅色的火焰，這種獨特的反應使它成為辨識鋰存在的重要指標。此外，鋰雲母還是提取鋰、銫和銣等稀有金屬的重要原料。

　　黑雲母則是雲母家族中的另一個重要成員，主要存在於岩漿岩和變質岩中。它的晶體形態多樣，包括板狀、柱狀和錐狀，但最常見的是假六方板體。黑雲母的顏色通常較深，包括黑色、深棕色、黑棕色和綠色等。儘管黑雲母在絕緣效能上不如白雲母，但它在建材、消防、造紙和橡膠等行業中仍有廣泛的應用。

　　這些雲母礦物不僅在地質學上具有重要意義，還在工業和科技發展中扮演著關鍵角色。它們的多樣性和獨特性質使雲母家族成為地球化

中一個真正的寶藏，繼續吸引著科學家和工程師的關注。

斜長石是地殼中最常見的造岩礦物之一，在地球科學研究中具有重要地位。本章將深入探討斜長石家族中的三個重要成員：中長石、奧長石和培斜長石。這些礦物不僅在地質學上具有重要意義，還在工業和寶石領域中扮演著重要角色。

中長石和奧長石都屬於中性斜長石，是鈣長石和鈉長石的過渡類型。它們主要形成於中性岩和變質岩中，如安山岩和角閃岩等。這兩種礦物在外觀上有許多相似之處：都呈現板狀晶體，常見雙晶，並以緻密狀、塊狀或粒狀的集合體出現。它們的顏色範圍從灰色、白色到無色不等，斷口呈貝殼狀或參差狀，條痕為白色，具有玻璃光澤，透明度從透明到半透明。

奧長石，又稱更長石，在地質環境中的分布更為廣泛。它不僅存在於變質岩中，還廣泛分布於各種火成岩中，如花崗岩、偉晶岩、安山岩和玄武岩等。奧長石的一個顯著特徵是其包裹體具有燦爛的反射光，這成為鑑定該礦物的重要依據。

在工業應用方面，奧長石是玻璃和陶瓷製造的重要原料。更有趣的是，當奧長石與鈉長石或某些金屬礦物混合時，會呈現出美麗的肉紅色。如果其中還包含鱗片狀鏡鐵礦的細小包裹體，就會產生迷人的金黃色閃光，這種變種被稱為「日光石」，是一種珍貴的中檔寶石。

培斜長石是斜長石家族中另一個重要成員，它在各種岩漿岩中都有重要地位，如粗面岩、玄武岩和蘇長岩等。此外，它也常見於變質岩中，如片麻岩和片岩。培斜長石的外觀特徵與其他斜長石相似，但顏色範圍更廣，包括白色、無色、灰色和淺棕色。

值得注意的是，培斜長石不僅在工業上有重要應用，還可以用作寶

玉石。其中，特別美麗的培斜長石變種也可以製作成日光石，為寶石市場增添了豐富的選擇。

斜長石家族的這些成員在全球範圍內分布廣泛，幾乎遍及世界各地。它們不僅是地質學研究的重要對象，還在工業生產和珠寶製作中發揮著重要作用，展現了礦物世界的多樣性和實用價值。

■ 青金石：藍色瑰寶的傳奇與魅力

青金石，這種古老而神祕的寶石，自古以來就以其獨特的魅力吸引著人們的目光。它的名字在不同的語言中都有著優雅的發音：波斯語稱之為「拉術哇爾」，阿拉伯語叫做「拉術爾」，而在印度語中，它被稱為「雷及哇爾」。這些名字似乎都在訴說著青金石的珍貴與非凡。

青金石的美麗不僅僅在於其迷人的藍色調，更在於它的多樣性。從深邃的藍色到帶有紫羅蘭色調的藍紫色，再到清新的藍綠色，青金石的

色彩變化豐富多彩。這種寶石的獨特之處在於它不是單一的礦物，而是由天藍石和方解石等礦物組成的岩石。這種特性使得每一塊青金石都擁有獨一無二的紋理和色彩組合。

青金石的形成過程也充滿了神奇。它通常在高溫變質石灰岩中孕育而生，形成各種奇特的晶體形狀，如菱形十二面體、八面體或立方體。然而，在自然界中，我們更常見到的是緻密塊狀或粒狀的青金石集合體。它們的斷口呈參差狀，條痕為藍色，散發著低調而迷人的光澤。

青金石的應用範圍廣泛，從古老的裝飾物到現代的珠寶設計，它都占有一席之地。人們喜歡將它製作成念珠、鐘殼、懷錶和煙盒等精美物品。特別值得一提的是，青金石還被認為是一種適合男士佩戴的珠寶，它所散發出的溫文爾雅氣質，為佩戴者增添了一份高貴與內涵。

除了其美學價值，青金石還被賦予了許多神奇的功效。它被認為能夠幫助改善睡眠品質，並協助冥想練習者更快地進入深層冥想狀態。對於經常開車的人來說，佩戴青金石據說能夠保持心境平和，緩解交通擁堵所帶來的焦慮感。甚至有人相信，青金石對兒童的身體發育也有正面的影響。

青金石的產地遍布全球，但最負盛名的當屬阿富汗。此外，美國、緬甸、加拿大、蒙古、智利、安哥拉、巴基斯坦和印度等地也出產青金石。每一個產地的青金石都因當地的地質環境而呈現出獨特的特徵，為這種寶石增添了更多的魅力與收藏價值。

礦物：穿越自然的寶藏世界

從搖籃到墳墓：人類生命的奇妙旅程

從搖籃到墳墓：人類生命的奇妙旅程

人類的一生是一段充滿奧祕和變化的旅程。從呱呱墜地的那一刻起，我們就開始了這段漫長而曲折的生命之旅。讓我們跟隨布豐的視角，重新審視人類生命的各個階段，探索其中蘊含的深刻哲理。

當我們來到這個世界時，是如此的脆弱和無助。新生兒無法自主移動，甚至無法控制自己的感官。他們唯一能做的就是透過哭泣來表達自己的需求和不適。這種極度的脆弱性似乎在提醒我們：生命的開始就是一場與苦難的邂逅。然而，正是這種脆弱，激發了人類強大的生存本能和適應能力。

隨著時間的推移，嬰兒逐漸學會了控制自己的身體，開始探索周圍的世界。童年時期，我們充滿好奇心和想像力，對一切都充滿了新鮮感。這個階段為我們日後的成長奠定了基礎，塑造了我們的性格和世界觀。

進入青春期後，我們的身體和心理都經歷了巨大的變化。這是一個充滿困惑和矛盾的時期，但同時也是我們開始形成自我認知和價值觀的關鍵階段。我們開始思考人生的意義，探索自己在這個世界上的定位。

成年後，我們承擔起更多的責任，面臨著工作、家庭和社會的各種挑戰。這個階段，我們不斷學習、成長，努力實現自己的人生目標。我們經歷喜怒哀樂，體驗生命的豐富多彩。

最後，我們步入暮年。這個階段，我們也許會回顧自己的一生，思考生命的意義。儘管身體機能逐漸衰退，但我們累積的智慧和經驗卻可能達到頂峰。

從出生到死亡，每個階段都有其獨特的意義和價值。正如布豐所言，只有經歷了這漫長的演化過程，我們才能真正理解生命的全貌。因此，我們應該珍惜生命中的每一個階段，因為它們共同構成了我們獨特的人生旅程。

■ 呼吸與生存：新生命的探索與界限

在科學探索的道路上，有時我們會遇到一些令人驚訝的發現，這些發現往往會挑戰我們長期以來的認知。十年前，我進行了一項關於新生命呼吸需求的實驗，其結果確實令人震驚。這個實驗不僅證實了我之前的假設，還為我們理解生命的奧祕開闢了新的視角。

實驗的核心是探索新生小狗在缺氧環境中的生存能力。我們選擇了一隻即將臨產的母狗，將其放入裝滿水的木桶中。為了確保實驗的準確性，我們小心翼翼地將母狗固定，使其後半身浸在水中。很快，三隻小狗在水中誕生了。

這些剛出生的小狗並沒有立即接觸到空氣，而是被直接放入了溫度與母體相同的液體中。隨後，我們將它們轉移到裝滿熱牛奶的木桶裡，這樣做是為了確保它們能夠獲得足夠的營養。

令人驚訝的是，經過半小時的浸泡後，這三隻小狗竟然都存活了下

來！當我們將它們從牛奶中取出時，它們開始呼吸，臉上也出現了生動的表情。這個結果讓我們意識到，新生命似乎具有比我們想像中更強的適應能力。

為了進一步驗證這一發現，我們又進行了第二輪實驗。在小狗呼吸半小時後，我們再次將它們浸入熱牛奶中。半小時後，兩隻小狗仍然精力充沛，只有一隻顯得疲憊不堪，我們便將它送回母親身邊。

這個實驗結果令人深思：新生命似乎並不像成年生物那樣對空氣有絕對的依賴。這一發現為我們開啟了新的研究方向，比如培養特殊的潛水員，甚至是開發兩棲人類的可能性。當然，這些想法還需要更多的研究和驗證。

新生兒的感官世界是一個充滿奇妙和驚喜的領域。在這個階段，嬰兒正處於從本能反應逐漸過渡到情感表達的關鍵時期。讓我們深入探討這個迷人的過程。

首先，我們需要意識到，感官對於新生兒來說是需要學習和適應的。視覺作為最重要且最奇妙的感官，自相矛盾也是最容易引起錯覺的。這就是為什麼觸覺在新生兒的感知世界中扮演著如此重要的角色。它就像一個「試金石」，為其他感官提供驗證。然而，值得注意的是，即使觸覺如此重要，新生兒剛出生時也還不能完全掌握這種感官能力。

在情感表達方面，新生兒的發展過程尤為有趣。剛出生的嬰兒只能透過哭泣或呻吟來表達不適，這些反應更多地源於身體的本能，而非內心的情感。有趣的是，新生兒在出生後約 40 天才開始展現笑容和流淚，這代表著他們開始有了更複雜的情感表達。

在這個階段之前，新生兒的面部表情幾乎是空白的，沒有明顯的情感表現。他們的身體各個部位都極其脆弱，動作也大多是無意識的。他

們無法自己站立,習慣性地保持蜷縮姿勢,就像在母體子宮內一樣。

隨著時間的推移,我們可以觀察到新生兒從單純的身體反應逐漸過渡到更為複雜的精神和情感表達。笑容的出現往往與視覺刺激或愉悅的記憶有關,而淚水則可能是不適感或更深層次情感的展現。這些表現都建立在知識、比較和思考的基礎之上,代表著嬰兒認知能力的顯著提升。

整體而言,新生兒的感官發展是一個漸進的過程,從最初的本能反應,逐步發展到更為豐富和複雜的情感表達。這個過程不僅反映了嬰兒生理上的成熟,也展現了他們心理和認知能力的進步。作為父母和照顧者,理解並尊重這個發展過程,對於幫助新生兒健康成長至關重要。

■ 嬰兒照護:從束縛到自由的革命性思考

在照顧新生兒的方式上,我們的祖先們曾經有過許多令人驚訝的做法。從出生的那一刻起,嬰兒就被置於一個充滿挑戰的環境中。我們現在知道,剛出生的寶寶並不需要立即餵奶,而是應該先幫助他們清理體

內的黏液和胎糞。有趣的是，我們的祖先會給新生兒餵一些甜酒，認為這能強化他們的胃部，為日後的消化做好準備。

然而，最引人注目的可能是我們對嬰兒身體自由的限制。傳統上，我們會用襁褓緊緊地包裹嬰兒，限制他們的四肢活動。這種做法的初衷是好的，希望能保護嬰兒，防止他們因不當姿勢而影響發育。但是，我們現在意識到，這種做法可能弊大於利。

相比之下，一些民族採用的方法似乎更加開明。俄羅斯人、日本人、印度人等許多民族會讓嬰兒赤裸著躺在吊床或搖籃中，僅用毛皮蓋住。這種方法允許嬰兒自由活動，可能比我們常用的方法更有益於嬰兒的發展。

事實上，過度束縛可能會給嬰兒帶來不適甚至痛苦。他們為了掙脫束縛而做的努力，往往只能弄亂衣物，卻無法真正改變被束縛的狀況。這種束縛不僅可能阻礙四肢的發育，還可能影響身體力量的培養。

相反，那些能夠自由活動四肢的嬰兒往往長得更加強壯。古代祕魯人的做法值得我們學習，他們讓嬰兒在寬鬆的襁褓中自由活動，隨著嬰兒的成長，又將他們放在低矮的土炕上，既保證了安全，又給予了自由。

整體而言，我們應該重新思考嬰兒照護的方式。讓嬰兒擁有更多的自由，可能是培養他們體能和獨立性的關鍵。當然，這需要母親或照護者更多的耐心和細心，但這種付出無疑是值得的。畢竟，一個健康、快樂的嬰兒，才是我們共同的期望。

在照顧嬰兒的過程中，我們需要依據科學的原則，細心呵護每一個細節。首先，讓我們談談嬰兒的睡眠。許多父母在哄孩子睡覺時，會不

自覺地過度搖晃，殊不知這可能會讓孩子感到不適。正確的做法是，當確定孩子不缺任何東西時，只需用輕柔的動作慢慢引導他們入睡。這不僅能讓孩子更舒適，也能培養他們自然入睡的能力。

然而，我們也不應讓嬰兒睡得過久，因為這可能影響他們的體質。如果發現孩子特別嗜睡，可以適時地將他們從搖籃中抱出，溫和地喚醒他們，讓他們接觸一些柔和的聲音和光線。這樣做不僅能刺激他們的感官發展，還能調節他們的睡眠節奏。

說到光線，這裡有一個重要的注意事項：我們需要確保嬰兒的雙眼能夠均勻地接收光線。如果只有一隻眼睛長期接收較多光線，可能會導致視力發展不均衡，甚至引發斜視。因此，搖籃的擺放位置非常關鍵。最理想的方式是將搖籃放在光線能從腳部方向照射的位置，或者靠近窗戶的地方，這樣可以確保嬰兒的雙眼都能接收到充足的光線。

接下來，讓我們談談嬰兒的餵養問題。科學研究顯示，母乳是新生兒最佳的營養來源。特別是在出生後的前兩個月，母乳更是不可或缺的。即使在接下來的兩個月，我們也建議盡可能地堅持純母乳餵養。如果在孩子出生的第一個月就引入其他食物，即便孩子看起來很健康，也可能會對他們的身體造成潛在的問題。

■ 母乳與替代品：嬰兒營養的選擇與考量

在嬰兒的成長過程中，母乳無疑是最理想的營養來源。然而，現實生活中，我們不得不面對各種可能影響母乳餵養的情況。有些母親可能因為奶水不足，或者擔心自身疾病傳染給嬰兒，而不得不尋求替代方案。在這種情況下，動物乳汁成為了一個可行的選擇。

筆者曾親眼見證過一些僅靠羊奶長大的農民，他們的體格與其他人相比毫不遜色。這說明在某些情況下，動物乳汁確實可以作為一種可靠的替代品。然而，我們必須承認，母乳仍然是最適合嬰兒的食物。這是因為嬰兒在母體內就已經習慣了與母乳相似的營養成分，使得他們在出生後能更容易地適應母乳餵養。

相比之下，奶媽的乳汁或其他替代品對嬰兒來說是全新的體驗，需要一個適應過程。有些嬰兒可能會對這些外來的乳品產生不良反應，表現為消瘦、精神不佳，甚至生病。因此，在選擇替代品時，我們必須特別謹慎，隨時關注嬰兒的反應，必要時及時調整，以免危及嬰兒的健康。

關於嬰兒的餵養方式，筆者注意到一種普遍做法，即將多個嬰兒集中在一起餵養，尤其是在大城市的醫院中。然而，這種做法存在潛在風險，因為一旦有嬰兒生病，很容易造成集體感染。相比之下，筆者更推崇分散餵養的方法。將嬰兒分散到不同的地點，甚至是農村地區，可以大大降低群體感染的風險。

從長遠來看，分散餵養不僅能夠保護嬰兒的健康，還能節省醫療資源。畢竟，治療一個生病的嬰兒所需的費用，往往足以撫養多個健康的嬰兒。我們應該意識到，對於一個國家而言，健康的人口才是最寶貴的資源。因此，採取科學的餵養方法，不僅關乎個人健康，更是關乎國家發展的重要課題。

在兒童成長的過程中，語言發展是一個引人注目的里程碑。有些孩子在兩歲時就能清晰發音，甚至重複大人的話語，而大多數孩子則要到兩歲半之後才開始說話，有些甚至更晚。這種差異往往引發了家長們的擔憂和比較。

然而，我們必須意識到，每個孩子的發展軌跡都是獨特的。早說話的孩子確實可能在語言流利度和早期識字方面有優勢，但這並不意味著晚說話的孩子在未來就會落後。事實上，過度關注這些早期表現可能會產生不必要的焦慮。

在教育方面，我們常常聽到所謂的「神童」故事，但這些案例往往給人一種錯誤的印象。許多接受早期啟蒙教育的孩子並沒有在成年後保持其特殊才能，有些甚至出現了意想不到的問題。這提醒我們，最佳的教育方法可能就是最普通、最順應自然的方法。

我們應該關注的是孩子的整體發展，而不僅僅是某些特定領域的早熟表現。從童年到成年是一個漫長而複雜的過程，在這個過程中，孩子們需要時間來適應世界的規律，觀察周圍的環境，並逐步發展自己的思想。

身體的變化，如骨骼的成熟和行為的靈活性增強，都是這個過程的自然組成部分。隨著年齡的增長，男女之間的生理差異也開始顯現，這些變化為他們進入成年期做好了準備。

面對這些新的改變，青少年需要學習新的思維方式和行為模式。這個過程可能會帶來情緒上的挑戰，但這些都是成長過程中不可或缺的經歷。作為教育者和家長，我們的角色是引導和支持，而不是強迫或過度干涉。

整體而言，我們應該尊重每個孩子的獨特性，提供一個支持性的環境，讓他們按照自己的節奏成長。這種順應自然的教育方法，可能才是真正有利於兒童全面發展的智慧之選。

■ 人類的獨特性：從身體到靈魂的卓越表現

人類的成長過程中，18歲這個年齡層是一個重要的里程碑。在這個階段，年輕人不僅要學習成人的法則，還要承擔起成年人的責任。大多數國家都將18歲定為法定成年年齡，賦予公民權、參政權和結婚權等權利，同時也要求承擔相應的法律責任和社會義務。這個轉變代表著一個人從青少年向成年人的過渡。

然而，人類的獨特性並不僅僅展現在法律和社會地位上，更重要的

是我們在身體和精神層面上的卓越表現。從外表來看，人類挺拔的身材和直立的姿態就已經彰顯出一種高貴的氣質。當我們仰望天空時，臉上莊嚴的表情更是將我們與其他生物區分開來。

人類的面部表情是我們內心世界的窗口。我們的抽象靈魂能夠透過具體的表情表現出來，這種能力使我們的面部表情變得尤為生動和豐富。當我們的心靈平靜時，面部肌肉處於靜止狀態；而當我們情緒激動時，細微的肌肉變化能夠清晰地傳達出我們的思維活動和內心感受。

我們的身體姿態也是表達自我的重要工具。人類以雙足直立於地面，能夠從高處俯視大地，這種姿態象徵著對自然的征服。我們的雙臂不是用來支撐身體的，而是有著更高級的用途——它們能夠與其他感官系統協調，完成思維下達的各種複雜指令，如抓握物體或擁抱他人。

在所有身體部位中，眼睛與我們的心靈連繫最為緊密。它不僅能夠吸收外界資訊，還能反射出我們內心的思想和情感。透過眼神，我們可以傳達最細膩的情感變化，展現智慧的光芒。正是這種獨特的表達能力，使人類在萬物之中脫穎而出，成為真正的靈魂之窗。

人生如四季更迭，每個階段都有其獨特的美麗與挑戰。我們常常只注意到外表的變化，卻忽略了這些變化背後所蘊含的內在成長。

從前，我們總是執著於事物的表象，認為這樣就能全面了解一個人或事物。我們根據一個人的面部表情來判斷他的想法，卻往往忽視了他的衣著打扮所傳達的訊息。其實，一個敏感的觀察者應該將服飾視為一個人整體形象的一部分，因為在旁人眼中，服飾與穿戴者是密不可分的整體。

就像大自然中的萬物一樣，人類也在不斷經歷著變化、轉變和衰退。當我們的身體達到巔峰狀態後，便開始緩慢而不易察覺地衰退。這

種變化需要時間累積才能顯現出來。然而，我們對年齡的理解應該比那些只會數樹木年輪的人更加深刻。既然他人能夠透過我們的外表變化大致推斷出我們的年齡，那麼我們自己對身體變化的了解和評估就應該更加準確。

人體在各個方面發育完成後，皮下脂肪會逐漸增加。這種變化通常發生在 30 歲到 40 歲之間，代表著身體開始進入衰退期。然而，我們不應將這種變化視為純粹的負面現象。相反，我們應該將其視為人生新階段的開始，一個讓我們更加關注內在成長和智慧累積的機會。

正如春夏秋冬各有其獨特的魅力，人生的每個階段都有其特殊的價值。當我們的身體不再如年輕時那般靈活敏捷時，我們可以將注意力轉向心靈的滋養和智慧的提升。這種由外而內的轉變，恰恰展現了人生的深度和豐富性。

■ 生命的輪迴：從成長到衰老的自然過程

人生如四季更迭，每個階段都有其獨特的特徵和意義。當我們步入中年，身體開始悄然變化，這是生命循環中不可避免的一部分。就像樹

木隨著年輪增長而變得更加堅韌，我們的身體也在歲月的洗禮下逐漸轉變。

40歲之後，我們會注意到一些細微的變化。皮膚不再如少年時般光滑柔軟，取而代之的是細紋的出現；頭髮中開始夾雜著幾縷銀絲；身體的柔韌性減弱，關節可能會感到些許僵硬。這些變化是自然的，代表著我們正在邁向人生的另一個階段。

隨著年齡的增長，這些變化會變得更加明顯。到了60歲至70歲，我們可能會發現自己的步伐變慢，精力不如從前。然而，這並不意味著生活品質的下降。相反，這個階段常常伴隨著智慧的累積和心靈的沉澱，使我們能夠以更加平和的心態面對生活。

在生命的最後階段，我們的身體機能會逐漸衰退。然而，值得注意的是，大多數人的離世都是平靜而安詳的。對於那些幸福度過一生的人來說，死亡並不是一件可怕的事情，而是生命旅程的自然終點。

面對死亡，許多人感到恐懼，這種恐懼往往比身體的痛苦更令人煎熬。但事實上，大多數人在生命的最後時刻是沒有痛苦的。我們應該學會接受死亡，就像我們接受生命中的其他階段一樣。

生命是一個完整的循環，從出生、成長、衰老到死亡，每個階段都有其存在的意義和價值。理解並接受這個過程，能夠幫助我們以更加正向和平和的態度面對人生的每個階段，活出更有意義的人生。

人類對死亡的態度一直是一個充滿矛盾和複雜性的話題。我們常常發現，即使是那些自認為已經接受了死亡命運的人，在面對實際的死亡宣告時，仍會表現出強烈的抗拒和不信。這種看似矛盾的行為其實揭示了人類內心深處對死亡的真實態度。

大多數人對死亡的恐懼源於一種深植於心的錯誤認知。我們往往將

從搖籃到墳墓：人類生命的奇妙旅程

死亡描繪成一個可怕的、充滿痛苦的過程，彷彿它是人生中最大的不幸。這種觀念不僅使我們對死亡產生了不必要的恐懼，還導致我們在想像中進一步放大了這種恐懼。

然而，事實上，死亡本身可能並不如我們想像的那般可怕。當我們真正面對死亡時，那些可怕的想像往往會消散。這就像是一個遠處的幽靈，隨著我們靠近，它反而變得越來越模糊，最後完全消失。

關於死亡過程的時間感知也是一個有趣的話題。有人認為，靈魂脫離肉體的那一刻就是生命的終點。但從思維的角度來看，時間的長短可能取決於我們的心理狀態。在痛苦中，時間可能只是一瞬間；而在平靜中，同樣的時間可能會被延長，甚至感覺比一個世紀還要漫長。

這種對死亡的哲學思考在相當程度上影響了人類對死亡的看法。它使得想像中的死亡比實際的死亡更為可怕，導致大多數人都無法擺脫這種恐懼。

因此，重新認識死亡，揭開那些虛假觀念的面紗，對於我們以更平和、更理性的態度面對生命的終章至關重要。只有這樣，我們才能真正理解生命的意義，並在有限的時間裡活出豐富而有意義的人生。

■ 生命的彼岸：理性與勇氣的哲學思考

在探討人生與死亡這個永恆的主題時，我們常常會遇到各種偏見和誤解。作為一名思想家，我希望透過本章的論述，能夠駁斥一種與人類幸福觀念背道而馳的偏見。這種偏見似乎特別容易影響那些受過高等教育、變得過於敏感的人群。相比之下，那些純樸憨厚的鄉下人往往能夠以更加勇敢和坦然的態度面對死亡。

真正的哲學應該是一種正確看待萬事萬物的智慧。人類的內心情感與這種哲學始終保持著密切的連繫，但我們的想像力卻常常被各種外在因素所侵蝕。事實上，生命的彼岸既不可怕，也不值得過分美化。我們需要以理智和勇氣的態度，從近處審視它的本質。

作為 18 世紀法國著名的啟蒙思想家，我對封建特權制度、天主教會的教條，以及在這些影響下形成的各種陋習深惡痛絕。我所嚮往的是一個合理、公正的社會。在我看來，人的本性本是美好善良的，世界也完全有可能被建設成一個令人滿意的和平之地。然而，不良的教育、有害的制度以及不合理的習俗，造就了這個世界上的諸多罪惡。迷信、愚昧和成見，才是真正威脅人類的最大敵人。

因此，我主張將一切制度和觀點都置於理性的審判庭上，進行批判和衡量。從習俗對男性和女性造成的束縛和傷害開始，我試圖將那些破壞人性的陋習直觀而形象地揭示出來，讓人們能夠清晰地看到這些問題的本質。

在討論人生階段時，我特別關注青春期這個特殊的時期。大自然在這一階段不僅塑造了人的外形，還賦予了生長發育所需的各種元素。青春期的孩子們往往生活在一個特殊的世界裡，他們既脆弱又自我封閉，

很少與外界有深入的交流。然而，隨著時間的推移，他們的生活會逐漸變得豐富多彩起來，不僅能夠滿足自我生存的需求，還能夠為他人提供幫助和支持。

青春期所蘊含的旺盛生命力和活力不僅展現在身體上，還會以各種形式向外界傳遞。這種生命的力量，正是我們應該珍惜和發揚的寶貴財富。透過理性的思考和勇敢的探索，我們終將能夠超越生命的局限，在有限的時光裡綻放出最美麗的光彩。

青春期如同春天，是人生中最美好的季節。然而，在這個生機勃勃的時期，某些文化習俗卻像陰霾一樣籠罩著年輕人的身心。

睪丸與割禮：
從青春期奧祕到歷史殘酷的反思

在人體的眾多奧祕中，睪丸的發展過程無疑是一個被重視的話題。對於年輕的男孩來說，他們的身體正處於不斷變化的階段，其中睪丸的

位置和數量可能會引起一些疑問和擔憂。然而，我們不應過於憂慮，因為大自然有其獨特的運作方式。

在童年時期，有些男孩可能會發現自己的陰囊中只有一個睪丸，甚至是空空如也。這種情況並不罕見，也不代表生理上有任何問題。醫學上稱之為「隱睪」，這是一種睪丸藏在腹部肌肉中的現象。隨著年齡的增長，這些隱藏的睪丸通常會慢慢突破阻礙，最終移動到正確的位置。

這種情況在 8 歲至 10 歲的男孩中較為常見，有時甚至會持續到青春期。因此，家長和孩子們大可不必為此感到焦慮或擔憂。大自然似乎特別努力地想讓睪丸在青春期長出來，以確保身體的正常發展。

有趣的是，即使在成年後，有些人的睪丸仍然會有「隱藏」的傾向。在劇烈運動中，這些隱藏的睪丸可能會突然「跳出」或「脫出」，這是身體的一種自然反應。然而，也有一些人的睪丸可能永遠不會完全顯現，這可能是由遺傳因素造成的。值得注意的是，這種情況並不會對身體產生負面影響，有些人甚至可能比其他人更加健壯。

人體的多樣性在睪丸的數量上也有所展現。有些男性可能只有一個睪丸，但這並不會影響他們的生殖能力。相反，單個睪丸往往會比正常大小的睪丸更為碩大。另一方面，也有極少數人擁有三個睪丸，這在某些文化中被視為強壯和力量的象徵。

在古代社會中，閹割是一種常見但令人不安的做法，其目的和方法多種多樣。從追求完美嗓音的歌手到滿足統治者疑心的宦官，閹割的原因各不相同，但其背後往往隱藏著權力、控制和殘酷的本質。

閹割的方式並非只有手術一種。除了直接切除睪丸或整個外生殖器，還有一些不留傷口的方法。例如，將孩子浸泡在加入藥草的熱水中，然後長時間擠壓和冷卻睪丸，使其失去功能。這些方法雖然不見

血，但同樣令人不寒而慄。

從醫學角度來看，單純的睪丸切除術對生命威脅不大，而且可以在不同年齡層進行，但童年時期被認為是最佳時機。然而，完全切除外生殖器則是一項極其危險的手術，特別是對 15 歲以上的人來說，往往伴隨著巨大的痛苦和高死亡率。

歷史學家的研究顯示，在土耳其和古波斯，睪丸切除術的使用頻率遠高於其他方法。然而，關於手術後果的說法卻存在爭議。有人認為完全切除外生殖器的存活率只有四分之一，而皮埃特羅・德拉・瓦勒卻聲稱，即使是成年罪犯接受閹割極刑後，只需撒些煙灰就能很好地癒合。

令人震驚的是，這種殘酷的做法甚至被用於兒童身上。泰奧夫拉斯特・勒諾多的記載顯示，在土耳其，8 到 10 歲的黑人兒童經常成批地死於閹割手術。這種對年輕生命的摧殘，無疑是古代社會中最為黑暗的一面。

我們不得不面對一個事實：割禮、閹割等習俗與人類歷史緊密相連。要探討這些敏感話題，我們需要保持冷靜理性的態度，如同一位客觀的觀察者。

割禮這一古老習俗在許多地區仍然盛行。不同文化對實施割禮的時間有著不同的規定：希伯來人在嬰兒出生後第八天進行，波斯人選擇五六歲，而土耳其人則等到七八歲或十一二歲。手術後，人們會採取各種方法促進傷口癒合，如使用鹼粉、收斂藥粉，甚至是燒紙的灰燼。

值得注意的是，割禮並非僅限於男性。在某些地區，女性也要經歷類似的手術。例如，在非洲的一些地方，女性割禮已有悠久的歷史。這種做法往往被視為一種社會習俗，但其合理性和必要性一直備受質疑。

從生理角度來看，割禮可能有一定的清潔作用。然而，像鎖陽和閹割這樣的做法，則完全源於嫉妒、迷信和對人性的扭曲。更令人不安的

是，某些文化甚至將這些殘忍的行為美化為美德，並制定相應的法律來維護這些陋習。

這些做法不僅侵犯了個人的身體自主權，還可能對身心健康造成永久性的傷害。我們必須反思：在追求所謂的「貞潔」或「美德」的過程中，我們是否忽視了最基本的人權和人性？

在探討這些敏感話題時，我們需要保持開放和批判性的思維。我們應該尊重不同文化的傳統，但同時也要勇於質疑那些可能傷害個人權益的習俗。只有這樣，我們才能真正理解青春期的複雜性，並為年輕人創造一個更加健康、自由的成長環境。

閹割作為一種權力工具和懲罰方式，反映了古代社會的殘酷性和對人性的漠視。它不僅是對個體身體的傷害，更是對人格尊嚴的極大侮辱。今天，當我們回顧這段歷史時，不禁要反思：在追求所謂的完美或權力時，我們是否失去了最基本的人性？

■ 宦官：身體變化與社會地位的歷史視角

在古代世界的權力中心，宦官扮演著獨特而重要的角色。從君士坦丁堡到波斯，再到印度和東南亞，宦官的存在不僅僅是一個政治現象，更是一個複雜的社會和生理學課題。

讓我們首先看看宦官的來源。雖然我們常常將宦官與非洲連繫在一起，但實際上，他們來自世界各地。印度的高爾孔達邦、恆河半島、阿薩姆邦，以及東緬甸和孟加拉灣等地區都是主要的來源地。甚至連喬治亞和北高加索的白人也被收編為宦官。然而，最受歡迎的仍然是來自衣索比亞的黑人宦官，他們因為被認為外表最為「醜陋」而反而身價最高。

宦官的生理變化是一個令人著迷的話題。對於那些在幼年時期被閹割的人來說，他們的生殖器發育會永遠停滯在手術時的狀態。想像一下，一個 7 歲時被閹割的男孩，到 20 歲時，他的生殖器仍然保持著 7 歲的大小和形態。這種生理上的「凍結」不僅影響了他們的外表，也深刻地改變了他們的社會角色和地位。

有趣的是，生殖器的變化還與其他身體特徵有著神祕的連繫。例如，宦官通常沒有鬍鬚，他們的聲音要麼特別洪亮，要麼異常尖細，但絕不會低沉。這種看似不相關的身體部位之間的連繫，提醒我們人體是一個高度複雜和相互關聯的系統。

然而，我們不應僅僅將宦官視為一個生理學現象。他們的存在反映了古代社會的權力結構和性別觀念。在一個男性主導的世界裡，宦官處於一個獨特的中間地帶：既不完全是男性，也不被視為女性。這種模糊的身分讓他們能夠在宮廷政治中扮演重要角色，有時甚至掌握巨大的權力。

■ 處女膜之謎：解剖學家的爭論

　　16 世紀的醫學界對於處女膜的存在與否展開了激烈的爭論。著名解剖學家安布魯瓦茲·帕雷及其同僚們挑戰了當時普遍接受的觀點，認為處女膜可能只是一種想像中的結構，而非女性身體的實際組成部分。

　　這些學者透過對不同年齡層女性的觀察和解剖，試圖證明處女膜的不存在。他們的研究結果顯示，在大多數情況下，他們並未發現明確的處女膜結構。儘管如此，他們也承認在極少數情況下，確實觀察到了某種連線的分葉狀肉阜薄膜。然而，他們強調這種現象應被視為一種不自然的狀態，而非常態。

　　解剖學家們對於這些肉阜的性質、數量和形態產生了諸多疑問。他們試圖探討這些結構與陰道的關係，是否僅僅是陰道壁的特殊褶皺，或者是處女膜的殘餘部分。同時，他們也對處女狀態下膜的層數產生了疑問。這些問題雖然很早就被提出，但答案卻五花八門，難以達成共識。

這種觀察結果的矛盾性揭示了一個有趣的現象：許多研究者可能在尋找一個實際上只存在於他們想像中的結構。一些解剖學家甚至聲稱，在他們解剖的所有女性中，包括青春期前的女孩，都未曾發現明確的處女膜或肉阜結構。

　　即便是那些堅信處女膜存在的學者也承認，這種結構在不同個體間存在顯著差異。他們發現處女膜的形狀、寬度和硬度都有所不同。在許多情況下，並不存在一個完整的膜狀結構，而是由一個或數個肉阜組成的薄膜，其開口形狀也各不相同。

　　這些觀察結果讓我們難以得出明確結論。我們只能確定，造成陰道入口狹窄的原因是多樣的，而且肯定存在某些決定性因素。然而，除此之外，關於處女膜的本質和普遍性，我們似乎仍然無法做出確切的判斷。

　　處女膜一直是個引人關注又充滿爭議的話題。作為一位長期從事女性生理研究的學者，我希望能夠透過客觀的觀察和分析，為讀者揭開處女膜的神祕面紗。

　　首先，我們需要明白，陰道入口的形態因人而異，並非千篇一律。有些女性可能呈現兩個突起的肉阜，有些則是三四個；有的呈環繞狀或半月狀，也有的僅僅是一些細小的褶皺。這種多樣性本身就說明了，我們不能用單一的標準來判斷一個女性的性經驗。

　　更為重要的是，處女膜的狀態會隨著年齡和荷爾蒙的變化而改變。我的研究發現，一些特定的處女膜形態只在青春期出現。這意味著，即使是未經性行為的女性，其處女膜的形態也可能會隨時間而變化。

　　關於處女膜與出血的關係，我們更需要謹慎看待。許多人認為，首次性行為必定伴隨出血，這其實是一個誤解。事實上，如果雙方年齡相

仿，且動作溫柔，往往不會造成出血。相反，正處於青春期的女孩，因為生殖器官正在發育，反而更容易出現輕微出血的情況。

更令人驚訝的是，處女膜具有一定的恢復能力。在青春期（通常是14至17歲，有時是15至18歲），如果停止性行為一段時間，處女膜可能會恢復到近似初始的狀態。這種現象可能在2-3年內重複發生4-5次。

在人類社會的發展歷程中，貞操觀念一直是一個充滿爭議和迷思的話題。許多人對處女膜的理解存在嚴重的誤解，這種誤解不僅影響了人們的認知，更深刻地影響了社會文化和女性的生活。

讓我們首先澄清一個重要的觀點：貞操本質上是一種心靈的純潔，是精神層面的品德。然而，隨著時間的推移，這個概念被扭曲成了男性對女性身體的占有欲。這種扭曲導致了一系列不合理的社會規範和習俗的產生，甚至影響到了法律和道德判斷。

更令人不安的是，這種痴迷於處女膜導致了一些極其不人道的做法。例如，讓年輕女性接受所謂的「處女檢查」，這不僅侵犯了女性的隱私權，更是對她們人格尊嚴的嚴重侮辱。這種行為本身就是對貞操最大的褻瀆。

從醫學角度來看，處女膜確實是存在的，但它僅僅是女性生殖器官的一個組成部分。不同女性的處女膜在形態和大小上都有差異，有些甚至天生就沒有處女膜。因此，將處女膜視為判斷貞操的標準是毫無科學依據的。

我們必須意識到，這種對處女膜的執著實際上反映了社會中根深蒂固的性別不平等。它將女性簡單化為一個生理特徵，忽視了她們作為完整個體的價值和權利。

改變這種偏見需要時間和努力。我們需要透過教育來消除這些迷

思，重新定義貞操的含義，將其回歸到道德和精神層面。只有這樣，我們才能建立一個更加公平、尊重的社會，讓每個人都能自由地掌控自己的身體和人生。一些女性會利用這種生理現象來迎合社會對女性貞潔的期待，這反映了我們社會中仍然存在的性別不平等和對女性的不公正要求。

■ 貞潔迷思：解構處女情結

在我們這個所謂文明的社會中，對女性貞潔的執著似乎仍未消退。許多人對處女膜抱持著不切實際的幻想和期待，彷彿它是衡量女性道德的唯一標準。然而，這種觀念不僅荒謬，更是對女性的不公。

事實上，處女膜的存在與否並不能真正反映一個女性的品格或經歷。有些女孩天生就沒有明顯的處女膜，有些則可能因運動等原因而破裂。相反地，即使發生過性行為，某些女性的處女膜也可能會自行修復。這種生理現象的多樣性告訴我們，單憑外表來判斷一個人的性經驗是極其不可靠的。

更令人不安的是，一些所謂的「文明社會」仍在延續類似原始部落的陋習。雖然我們不再使用石棉繩或金屬環來控制女性的身體，但那種對女性貞潔的病態關注，本質上與野蠻習俗並無二致。這種心態不僅貶低了女性的價值，也反映了社會對性別平等的認知仍有待提高。

我們應該反思，為何在 21 世紀的今天，還要用如此落後的標準來評判女性？真正的文明應該建立在互相尊重、平等對待的基礎上，而不是將女性簡單化約為一張處女膜。

讓我們拋開這些陳舊的偏見，開始以更加開明和理性的態度看待性與貞潔的問題。一個人的價值不應由生理特徵決定，而應該由其品格、才能和對社會的貢獻來衡量。只有擺脫這種狹隘的處女情結，我們的社會才能真正進步，實現真正的性別平等。

人類社會的多樣性展現在各個方面，包括對貞潔觀念的理解和詮釋。雖然在許多文化中，女性的貞潔被視為珍貴的美德，需要謹慎維護，但事實上，不同民族和地區對此卻有截然不同的看法和做法。

在某些文化中，貞潔並非重要價值。有些民族甚至將處女獻祭給神靈或祭司，視之為神聖的儀式。例如，在印度西部的一些部落中，祭司擁有剝奪少女貞操的特權。在果阿和加那利，處女或被迫或自願地將初夜獻給強壯的男子。這種做法不僅不會被視為恥辱，反而被認為是榮耀。

宗教信仰也在塑造貞潔觀念方面發揮了重要作用。某些宗教鼓勵信徒將女兒奉獻給長官、主人或國王，這在加那利群島和剛果王國都曾是常見現象。在土耳其、波斯等地，國王贈送失寵的妃子給臣子也被視為莫大的恩賜。

更令人驚訝的是，在一些文化中，女性的貞潔反而被視為一種缺

陷。例如在緬甸若開邦和菲律賓群島，男人娶到處女反而會覺得丟臉，甚至願意花錢請人為新娘破身。若開人則認為，女兒能吸引外鄉人是一種魅力的展現，因此鼓勵這種行為。

　　這些例子充分說明，人類對貞潔的理解和態度是極其多元的。它們反映了不同文化背景下的價值觀和社會規範，提醒我們不應用單一標準來評判所有文化。理解這些差異，有助於我們以更開放和包容的態度看待世界的多樣性，也能更深入地思考貞潔觀念在我們自身文化中的意義和演變。

■ 本能與禁錮：人性與道德的矛盾衝突

　　在人類文明的發展過程中，婚姻制度一直是社會結構的重要支柱。然而，這種制度的形成並非一蹴而就，而是經歷了漫長的演變。從最初的一夫多妻制到現今普遍接受的一夫一妻制，這個過程反映了人類對於公平、理性和人道主義的追求。

婚姻不僅是一種社會契約，更是人類生理需求的一種展現。青春期過後，男性和女性都面臨著強烈的生理衝動。對於男性而言，及時建立婚姻關係可以有效地釋放這種精力。然而，如果選擇獨身，這種未得到釋放的能量可能會轉化為身體和心理的負擔，甚至引發疾病。

禁慾雖然在某些宗教和文化中被視為美德，但它往往與人類的本能相悖。無論是男性還是女性，長期的禁慾都可能導致強烈的生理刺激，這種刺激有時甚至超越了理性和宗教的約束力。在極端情況下，它可能使人失去理智，做出有悖常理的行為。

亞里斯多德曾記錄了一個引人深思的案例：一位年僅 12 歲的女孩，儘管年齡尚小，但已經表現出強烈的性衝動。她的行為不受社會道德的約束，甚至不顧及他人的存在。這個案例不僅揭示了青春期生理變化的強大影響，也反映了環境因素對人類行為的塑造作用。

值得注意的是，這種現象並非普遍存在，它與個體的生理特徵、成長環境等因素密切相關。在較為寒冷的地區，女性表現出強烈慾望的時間通常會較晚，這進一步證明了環境對人類行為的影響。

整體而言，人類的生理需求與社會道德規範之間存在著複雜的關係。如何在滿足個體需求和維護社會秩序之間取得平衡，一直是人類文明面臨的重要課題。這需要我們以更開放、包容的態度來看待人性，同時也要建立更加完善的社會制度來引導和規範個體行為。

在探討人類的生理本能時，我們不得不承認男女之間存在著天然的差異。然而，這些差異在現代文明社會中的意義正在不斷被重新定義。女性對於自身慾望的態度往往更為平和，而部分男性則開始質疑傳統貞潔觀念的價值。這種觀念的轉變反映了社會對性與身體的認知正在逐步開放和理性化。

然而，縱慾過度所帶來的危害仍然不容忽視。歷史上不乏因放縱慾望而導致身心俱損的案例，這些教訓值得我們深思。可惜的是，年輕人往往難以意識到縱慾行為對健康的長期影響。在青春期和成年初期，許多人為了彰顯自己的男子氣概或滿足好奇心，而做出一些不理智的行為，甚至因此染上難以啟齒的疾病。

在現代社會中，單純的體力優勢已不再是衡量一個人價值的主要標準。隨著科技的進步，許多曾經被認為只有男性才能勝任的工作，現在女性也同樣可以勝任。這種變化不僅展現了社會的進步，也為女性提供了更多的機會和選擇。

儘管如此，我們不應忽視身體力量在某些特定情況下的重要性。在自衛或進行某些體力勞動時，強健的體魄仍然是一項寶貴的資產。但更重要的是，我們應該意識到，真正的優勢在於智慧、創造力和適應能力，而非單純的肌肉力量。

遺憾的是，一些男性仍然試圖利用自身的體力優勢來壓制或奴役女性。這種行為不僅違背了人類文明的進步，也忽視了女性作為人類社會不可或缺的一員所具有的價值和貢獻。在現代社會中，我們應該追求的是性別間的互相理解、尊重和平等，而非以強凌弱的野蠻行徑。

整體而言，隨著社會的發展，傳統的性別角色正在被重新定義。我們應該以更開放、包容的態度來看待性別差異，同時也要警惕縱慾帶來的危害，追求身心的健康平衡。在這個過程中，教育和自我約束顯得尤為重要，唯有如此，我們才能建立一個真正平等、和諧的現代文明社會。

■ 美的標準：文明與野蠻之間的鴻溝

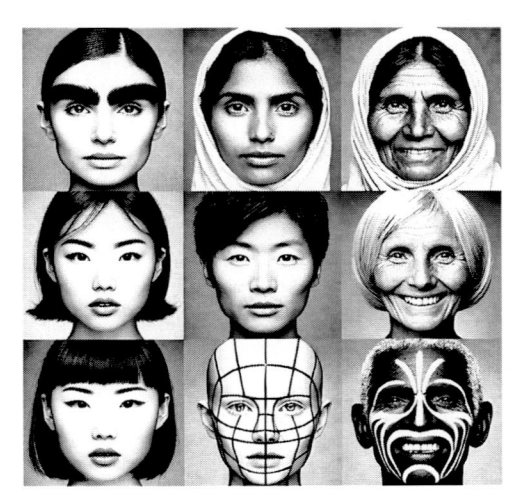

在這個世界上，美的定義似乎是千變萬化的。我們所認為的美，在另一個文化中可能被視為醜陋。這種差異不僅存在於審美觀念上，更展現在對待女性的態度上。

讓我們先看看那些所謂的「野蠻人」。在熱帶地區，男人們懶惰成性，終日躺在吊床上無所事事。他們強迫女人不停勞作，耕田、做苦力，自己則只顧打獵捕魚。這些男人對女性極為苛刻，制定了諸多不公平的法律和習俗。他們甚至無法理解文明人散步的行為，認為這種來回踱步毫無意義。

相比之下，在文明社會中，女性地位得到了提升。她們被視為平和與溫柔的象徵，以謙遜的美德彰顯出超越武力的力量。然而，這種平等更多是出於社會的必要性，而非發自內心的尊重。

有趣的是，不同文化對美的定義天差地別。在波斯，濃密相連的眉毛是美的象徵；在印度某些地區，黑牙白髮才稱得上美麗。日本等東亞

國家則推崇銀盤般的臉龐、丹鳳眼、扁鼻子和纖細的腳。更令人驚訝的是，一些美洲原住民會刻意改變嬰兒頭型，以符合他們的審美標準。

這些迥異的審美觀念讓我們不禁思考：美的標準究竟從何而來？也許它源於童年時期的初始印象，又或是受某些習慣和偶然因素的影響。無論如何，這種多樣性提醒我們，美並非絕對，而是相對的概念。

布豐以其獨特的洞察力，為我們揭示了人類情感與生理反應之間的緊密連繫。他的描述不僅細緻入微，更蘊含著對人性本質的深刻理解。在布豐看來，認識自我是通往理解社會和自然的必經之路。

人類的面部表情是內心活動的外在對映，它如同一面鏡子，忠實地反映著我們的情緒變化。布豐指出，人的生命和靈魂並非虛無縹緲，而是實實在在地存在於物質之中。這一觀點揭示了人類存在的雙重性：我們既是物質的載體，又擁有精神的實質。

布豐對人類情緒反應的描述尤為生動。當我們突然想起一件熱切渴望或深感遺憾的事情時，體內會產生一種特殊的生理反應。這種反應始於肺部，引發深呼吸，繼而可能演變為連續的嘆息。若內心的痛苦加劇，眼淚便會隨之而來。

布豐進一步闡述了不同程度的情緒表現。從輕微的嘆息到劇烈的抽泣，再到放聲大哭，每一種表現都有其獨特的生理機制。例如，抽泣是由於空氣快速進出肺部造成的，而號哭則是持續的高音嗚咽，往往以低沉的音調結束，這通常意味著情緒已達到極限。

透過這些細膩的觀察，布豐不僅描繪了人類情感的豐富層次，也揭示了情感與生理反應之間的密切關係。他的研究為我們提供了一個理解人性的新視角，讓我們得以更深入地認識自己，進而更容易理解他人和社會。

■ 笑容背後：人類表情的奧祕

人類的表情是一幅豐富多彩的畫卷，其中笑容尤為引人注目。笑聲是一種獨特的聲音表現，它斷斷續續、突然而至，源於上腹部的急遽起伏。為了更好地發笑，人們常常會採取一些特定的姿勢：頭部微微低垂並前傾，胸部收縮，保持不動，同時嘴角向兩側展開，臉頰收縮並微微鼓起。

大笑時，我們的嘴唇會張得很開，但在心情平靜時，微笑則表現得更為含蓄，只見嘴角輕輕上揚，臉頰略顯鼓起。有趣的是，一些人在微笑時會出現所謂的「酒窩」，這種迷人的凹陷常常伴隨著讚賞或感激的表情出現。

微笑是一種複雜的表情，它不僅能傳達內心的滿足、親和和愉悅，有時還可能暗示著嘲諷或輕蔑。一個狡黠的微笑往往伴隨著上唇緊抵下唇的動作，這種細微的表情變化往往能透露出說話者的真實意圖。

臉頰雖然本身不能產生動作，但它在我們的表情中扮演著重要角色。它不僅塑造了臉部的輪廓，還能透過顏色的變化反映我們的情感狀

態。當我們感到羞愧、憤怒、驕傲或喜悅時，臉頰會變得紅潤；而在恐懼、驚嚇或悲傷時，臉色則會變得蒼白。

這種臉色的變化是我們無法控制的，它直接反映了我們的內心活動，屬於不受意願支配的情感現象。儘管我們可以透過意志力控制其他面部表情，甚至在瞬間轉換情緒或停止面部肌肉的運動，但臉色的變化卻是難以阻止的。這是因為臉色的變化取決於主要器官隔膜引發的血液運動，而我們的內在情感能夠直接影響這一過程。

透過觀察和理解這些細微的表情變化，我們不僅能更好地解讀他人的情感，也能更深入地認識自己的情感表達方式。這種對人類表情的深入探索，為我們開啟了一扇通向情感世界的窗戶，讓我們更加理解人與人之間的交流與互動。

人類的臉部表情是一幅生動的畫布，隨著情緒的變化而不斷描繪著內心的波動。這種無聲的語言比任何言語都更能傳達我們的真實感受。讓我們一起深入探索這個迷人的表情世界，了解不同情緒如何在我們的臉上留下獨特的印記。

想像一下，當一個人感到謙虛或羞愧時，他的頭會不自覺地向前傾，彷彿在試圖躲避他人的目光。相反，當自負感湧上心頭時，頭部會高高昂起，宛如在向世界宣告自己的存在。固執的人則會挺直脖子，像一棵不願彎腰的老樹。

眼睛，這扇心靈之窗，也在情緒的海洋中起伏不定。當我們感到悲傷或羞愧時，眼睛會突然鼓起，彷彿要將所有的情感都裝進去。如果情緒過於強烈，眼睛可能會張得更大，視線變得模糊，甚至泛起淚光。有趣的是，當眼淚奔湧而出時，嘴巴也會不由自主地張開，形成一個完整的哭泣表情。

鼻子也參與了這場情緒的表演。當我們哭泣時，眼淚會順著內部通道流入鼻腔，然後以一種不均勻的節奏從鼻子裡流出來。這種生理反應為悲傷的表情增添了一絲真實感。

　　恐懼和驚慌則會在我們的臉上刻劃出另一幅畫面。額頭皺起，眉毛豎立，眼睛睜大，露出部分眼白，同時嘴巴張開，嘴唇收縮，露出牙齒。這種表情彷彿在向周圍的人發出無聲的求救訊號。

　　即使是輕蔑和嘲笑這樣複雜的情緒，也能在臉上找到它們的足跡。上唇會不對稱地翹起，露出牙齒，鼻子向一側皺縮，眼睛呈現出不平衡的狀態。這種表情彷彿在無聲地傳達著一種優越感和不屑一顧的態度。

　　透過觀察和理解這些細微的面部變化，我們可以更好地解讀他人的情緒，增進人際交往中的理解和共情。面部表情這門無聲的語言，為我們開啟了一扇通向他人內心世界的窗戶。

■ 表情與姿態：人類情感的無聲語言

從搖籃到墳墓：人類生命的奇妙旅程

　　人類的情感表達是一門複雜而精妙的藝術，它不僅僅依賴於言語，更多地展現在我們的表情和姿態中。當我們開懷大笑時，整個面部都在訴說著喜悅：嘴角上揚，眼睛微瞇，鼻子皺起，這些細微的變化共同演繹出歡樂的交響曲。而我們的身體，則如同一個忠實的翻譯官，將內心的情感轉化為可見的動作。

　　在喜悅的時刻，我們的身體彷彿被注入了活力，眼睛閃爍，手舞足蹈；而當悲傷襲來，我們的身體則如同被抽走了靈魂，眼神低垂，肢體無力。這些反應有些是本能的，脫離了我們的意志控制；而有些則是我們潛意識中的選擇，是為了滿足情緒需求或是保護自己。

　　人類的表情和姿態語言是如此豐富，以至於我們可以透過觀察來解讀他人的內心世界。當一個人充滿希望和渴望時，他會不自覺地抬頭挺胸，眼神中閃爍著光芒，彷彿在向命運祈求。而當恐懼和厭惡占據內心時，人們則會本能地後退，試圖與威脅保持距離。

　　然而，我們也要警惕過度解讀他人的外在表現。雖然表情和姿態能夠反映內心活動，但它們並不能完全代表一個人的全部。正如我們不能僅憑外表就判斷一個人的品格一樣，我們也不應該將面部線條或身體曲線與內心世界直接掛鉤。

　　人類的情感表達是一門需要細心觀察和深入理解的學問。透過研究這種無聲的語言，我們不僅能更容易理解他人，也能更深入地認識自己。在這個過程中，我們會發現，每個人都是一本值得細細品味的書，而表情和姿態，則是這本書中最生動的插圖。

　　古人對相貌占卜的迷戀，反映了人類長久以來對理解他人和自我的渴望。然而，這種基於外表判斷內在的方法，實際上是一種偏見的展現。我們不能簡單地認為鷹鉤鼻就代表智慧，或者大嘴巴就意味著愚

笨。這種表面化的判斷方式，不僅缺乏科學依據，更可能導致對他人的錯誤評估和偏見。

相反，真正的自我認知應該來自於對內在感覺的關注和探索。大自然賦予我們各種感官器官，它們是我們感知外部世界的窗口。但同時，我們也擁有豐富的內在感覺，這才是真正理解自己的關鍵。遺憾的是，在日常生活中，我們常常忽視這種內在的聲音，任由各種慾望主導我們的行為和判斷。

然而，即便我們暫時忽視了內在的聲音，人的本性依然存在，就像被烏雲遮蔽的太陽一樣，始終蘊含著強大的力量。我們需要做的，是重新喚醒對這種內在感覺的關注，讓它成為指引我們前進的明燈。

在探索自我的過程中，我們可能會遇到困難和迷惘，就像在黑暗中前行一樣。但是，只要我們願意聆聽內心的聲音，集中注意力於那些能夠照亮我們道路的內在智慧，周圍的黑暗就會逐漸散去。這個過程可能不會一蹴而就，但每一步都會讓我們更接近真實的自己。

因此，與其沉迷於表面的相貌占卜，不如深入探索自己的內心世界。這才是真正有價值的自我認知之旅。讓我們放下對外表的執著，轉而關注內在的聲音，在這個過程中，我們將發現一個更加真實、豐富的自己。

■ 靈魂與物質：人類自我認知的雙重探索

在人類認識自我的旅程中，我們面臨著一個重大挑戰：理解構成我們存在的兩種本質。一種是無形的、非物質的，永恆不滅；另一種則是有形的、物質的，終將消亡。這兩種本質的探索不僅僅是一個哲學問題，更是我們理解自身的關鍵。

我們必須首先意識到，非物質的存在本質是簡單且不可分割的，只能透過思想來表現。相對地，物質的存在是可以被感知的，具有形態和結構。這兩種本質就像人體的器官一樣穩定，但卻有著本質的區別。

為了更容易理解這兩種本質，我們需要賦予它們真實的屬性，並進行比較。事實上，比較是我們獲取知識的主要方式。那些無法比較的概念，如「上帝」，往往難以被我們理解。相反，越是容易比較和從多個角度觀察的事物，我們就越容易理解和形成判斷。

靈魂的存在是我們直觀感受到的。對於思考者來說，存在和思考是同一回事。然而，身體和外在事物的存在卻常常被質疑。我們需要探討：我們感知到的物質器官是否本來就是這樣，還是為了適應外界影響而逐漸演化成現在的樣子？

更進一步，我們還需要思考內在感覺（或稱靈魂）與外在器官之間的關係。例如，光線或聲音引起的內心感受，是否與傳播光線的物質或聲音振動相似？這些問題的探討都指向一個結論：靈魂與物質的本質存在著根本的差異。

因此，我們可以認為，內在感受與引起感受的外在事物之間存在著巨大的區別。這種認知不僅幫助我們更容易理解自己，也為我們探索人類存在的本質提供了一個全新的視角。

在這個物質世界中，我們常常被周遭的事物所迷惑，認為感官所捕捉到的就是真實。然而，當我們深入思考時，卻發現事物的本質與我們的判斷可能大相逕庭。感受與引起感受的東西之間，並不存在表面上的相似性。這一認知促使我們反思：我們所認知的物質世界，是否只是靈魂的一種表現或觀察方式？

當我們意識到這一點時，肉體的存在便顯得可疑起來。我們可以確定自己的存在，但卻無法確定物質世界的真實性。這種思考引導我們進一步探索靈魂與物質的關係。雖然我們無法直接證明靈魂的存在，但從常理來看，我們傾向於相信靈魂是存在的。當我們將物質與靈魂進行比較時，會發現兩者之間存在巨大的差異和明顯的對立。這使我們有理由相信，靈魂具有獨特的本質，屬於一種至高無上的範疇。

人類的雙重性是普遍存在的，這種雙重性由精神本原（靈魂）和純物質本原（動物本原）組成。精神本原是所有意識的泉源，與科學、理性和智慧相伴而生。相比之下，純物質本原則如同一股激流，引發慾望和情緒。有趣的是，純物質本原在發展過程中先於精神本原，因為它根植於人類的慾望和感官體驗中。

這兩種本原在人類成長過程中的表現也有所不同。動物本原會在我們感受到快樂或痛苦時迅速展現出來，而精神本原則需要透過教育和思想交流才能得到發展和完善。這一點在兒童身上尤為明顯：只有透過與他人的思想交流，他們才能獲得並發展精神本原，逐步成長為具有思維能力和理性的個體。

因此，我們可以說，人類的本質是由這兩種本原共同構成的。意識到這一點，有助於我們更容易理解自身，並在生活中尋求精神與物質的平衡。只有當我們充分發展精神本原，才能真正成為一個完整的人，而不是僅僅依靠物質本原行動的「傻瓜」或「怪物」。

■ 童年的自由與成長：物質本原與精神本原

在人類成長的過程中，童年時期無疑是最為純真和自由的階段。讓我們深入探討一個不受監管、自由生活的兒童的內心世界。透過觀察他們的外在行為，我們可以窺見他們內心的真實活動。

這些自由成長的兒童，他們的想法毫無顧慮，成長過程充滿快樂和隨心所欲。他們對外界的印象都是內心真實的反映，很少因為重大理由而情緒激動。他們的行為常常沒有明確的目的和計劃，如同幼小的動物一樣自由玩耍，盡情撒歡，所有活動都顯得無序而隨機。

然而，我們也會發現，這些兒童有時會表現出規矩的一面，對自己的行為進行適當控制。這種變化源於他們與他人交流的經驗，以及那些

教導他們思考的人的提醒。這一現象揭示了一個重要的事實：在人類的童年時期，物質本原占據了主導地位。

這一觀察結果引發了一個深刻的思考：如果在童年時期不能給予孩子們在精神本原方面的教育和發展，或者說不能促使他們的精神本原不斷運作，那麼在他們未來的人生中，物質本原很可能會一直占據主要地位。這種情況一旦形成，個人的行為可能會變得不受約束，直接根據物質本原行動。

當我們進行自我反省時，很容易意識到物質和精神本原的存在。在人的一生中，我們常常會經歷一些時刻，可能是幾個小時，幾天，甚至幾個季節，我們不僅能清楚地意識到這兩種本原的存在，還能感受到它們在行動中的相互矛盾。我們時常會做一些不想做的事情，卻難以自控。

這種內在的矛盾和掙扎，揭示了人類本性的複雜性。它提醒我們，在教育和成長的過程中，需要注意平衡物質本原和精神本原的發展，以培養出更加完整、和諧的人格。童年時期的自由和快樂固然重要，但適度的引導和教育同樣不可或缺，這將為孩子未來的成長奠定堅實的基礎。

人類的靈魂是一個複雜的存在，由兩種截然不同的本原構成：精神本原和動物本原。這兩種力量在我們的內心不斷交織，影響著我們的思想、情感和行為。當我們能夠平和地照顧自己和他人，並有條不紊地處理日常事務時，精神本原便占據了主導地位。這時的我們似乎擁有了掌控生活的能力，能夠自如地指揮自己的行動。

然而，動物本原並未消失，它只是暫時潛伏，等待時機再次浮現。當我們放鬆警惕時，它便會悄然占據上風，使我們難以集中注意力，任

由慾望和情感支配自己。在這種狀態下，我們失去了主動權，變得容易受外界影響，甚至淪為他人意志的奴隸。

通常情況下，這兩種本原並不會同時活躍，因此我們往往感受不到內心的矛盾。我們的「自我」似乎變得單純而簡單，只有一種單一的衝動在支配著我們，這種統一感便是我們所感受到的幸福。但是，一旦我們開始深入思考，就可能會對自己的快樂產生質疑，或在慾望的驅使下厭惡理智。這時，我們失去了生命中的平靜和統一，內心的矛盾再次浮現。

最令人痛苦的時刻，莫過於兩種本原同時處於劇烈運動且勢均力敵的狀態。此時，我們的內心會產生對立的「我」，兩種本原相互感知，引發疑惑、焦慮和悔恨等負面情緒。這種內心衝突可能導致對生活的厭倦，甚至使人陷入絕望，失去希望和生存的動力。在極端情況下，這種狀態可能引發自我毀滅的衝動，使瘋狂成為對付自己的武器。

■ 青春的熱情與矛盾：人生階段的轉捩點

在人生的不同階段，我們經歷著本原的變化與交織，這種變化影響著我們對幸福的感知和追求。童年時期，我們沉浸在動物本原的支配下，享受著純粹的快樂和自由。儘管會遇到一些小挫折，但這些都無法動搖我們存在的本質。成年人對兒童的約束看似殘酷，實則是為了鋪就未來幸福的基石。

隨著年齡的增長，我們進入了一個新的階段 —— 青春期。這是一個充滿矛盾與激情的時期，精神本原開始崛起，與動物本原展開了一場激烈的較量。這種內在的衝突為我們帶來了前所未有的體驗和感受。

青春的熱情與矛盾：人生階段的轉捩點

在青春期，精神本原逐漸掌握主導權，它開始支配我們的意志和感官。然而，這並不意味著動物本原就此退居二線。相反，它變得更加強大，只是以一種不同的方式存在。動物本原巧妙地利用理智為自己服務，同時也在某種程度上影響和制約著理智的發展。

這個階段的特點是，我們的思考和行動往往是為了滿足內心的慾望。當這種興奮持續存在時，我們便會感受到幸福。有趣的是，外部的矛盾和痛苦反而強化了我們內心的統一性，激發了更強烈的慾望。疲憊帶來的空虛被新的追求填補，驕傲感被喚醒，我們的注意力開始聚焦於特定的目標。

在這個充滿變數的人生階段，我們所有的能力都彷彿指向了同一個方向。這種統一性為我們帶來了前所未有的力量，也讓我們對未來充滿期待。儘管這個過程可能充滿挑戰和矛盾，但正是這些經歷塑造了我們的人格，為我們日後的成長奠定了基礎。

人生如同一場漫長的旅程，從青春到中年，我們經歷了太多的起起落落。在這段旅程中，我們不斷追求快樂，卻又不斷與之擦肩而過。這種矛盾的心理狀態，正是我們人生中最為複雜的部分。

青春時期，我們沐浴在幸福的陽光下，如同置身夢境。然而，這種美好卻往往轉瞬即逝。隨之而來的是無盡的厭倦和可怕的空虛，彷彿內心豐富的感情被抽空一般。我們的心靈逐漸失去了原有的指揮力量，開始尋找新的主宰，希望藉此轉移內心的痛苦。這種循環往復的過程，不斷消耗著我們的身心。

隨著年齡的增長，我們進入了人生的中年階段。此時，我們更容易出現身心疲憊、情緒鬱結等症狀。儘管我們仍在追求青春時的快樂，但這種追求往往變成了一種習慣，而非源於內心的真實需求。我們感受快樂的時間越來越少，反而更多時候陷入自我批評和責備之中。

在職業生涯中，我們常常徘徊在蔑視和仇恨的矛盾之間。為了避開這些不良影響，我們不斷地折磨自己，最終只能向現實妥協。那些閱歷豐富、深刻體會過人生不公平的人，往往會將職業視為必須經歷的磨難。

然而，生活的真諦並非如此。我們應該學會接納自己，包容自己的不完美。同時，我們也需要保持對生活的熱情和好奇心，不要輕易陷入麻木和冷漠的狀態。只有這樣，我們才能在人生的旅途中找到真正的意義和價值，領悟到快樂的真諦。

新我：生命的奇妙探索

新我：生命的奇妙探索

　　我躺在草地上，周圍的世界逐漸恢復清晰。一股新鮮的氣息充盈我的肺部，讓我感到前所未有的清醒。我慢慢坐起身來，環顧四周，發現自己仍然處在那棵結滿果實的大樹下。

　　陽光透過樹葉的縫隙灑落在地上，形成斑駁的光影。我凝視著這美麗的景象，心中湧起一種奇妙的感覺。我意識到，這次甦醒不僅僅是身體的復甦，更是靈魂的重生。

　　我小心翼翼地站起來，感受著身體的每一個部位。令我驚喜的是，不僅沒有失去什麼，反而感覺比之前更加強壯和靈活。我伸展雙臂，深吸一口氣，讓清新的空氣充滿全身。

　　這時，我注意到身邊那個與我相似的形體。它靜靜地躺在那裡，彷彿在等待甦醒的那一刻。我俯下身，輕輕地觸碰它，感受到一種奇特的連繫。這不僅僅是我的複製品，更像是我靈魂的延續。

　　我凝視著這個新生命，心中充滿了好奇和期待。我開始想像它醒來後會是什麼樣子，會有怎樣的思想和感受。這種期待讓我感到前所未有的興奮。

　　隨著時間的流逝，我感受到自己的生命力正在向這個新生命傳遞。我願意毫無保留地給予它我的一切，包括我的經歷、感受和思想。這種無私的奉獻讓我感到無比充實和滿足。

　　太陽漸漸西沉，天空被染成了絢爛的橘紅色。我坐在新生命旁邊，靜靜地等待著黑夜的來臨。這一次，我不再恐懼黑暗，不再擔心自己會消失。相反，我期待著黎明的到來，期待著新的一天會帶來怎樣的驚喜。

　　在這個奇妙的時刻，我感受到了生命的循環與延續。我不再是孤獨的個體，而是宇宙生命長河中的一個環節。這種認知讓我感到無比安心

和滿足，也讓我對未來充滿了希望。

當我從漫長的沉睡中醒來，意識逐漸回歸。這種感覺既熟悉又陌生，彷彿經歷了一次重生。在這片模糊的意識海洋中，我努力抓住自我存在的感覺，生怕再次失去。

睜開眼睛，我小心翼翼地查看自己的身體。令我驚訝的是，不僅沒有失去任何部分，反而在我身邊出現了一個與我極為相似的形體。這個意外的發現既令我興奮又讓我困惑。

我伸出手，輕輕觸碰這個新生命。他看起來如此完美，遠勝於我。我感受到一股強烈的情感湧上心頭，彷彿看到了自己生命的延續和進化。這個「新我」似乎正在慢慢甦醒，他的目光中閃爍著生命的光芒，讓我感受到血液中湧動的活力。

我突然意識到，這可能是我生命的一個重要轉捩點。我願意將自己的一切都奉獻給這個新生命，這種強烈的慾望充實著我的內心，同時也喚醒了我的第六感。

隨著太陽緩緩沉入地平線，黑暗籠罩了周圍的一切。我失去了視覺，但內心卻異常平靜。長久的存在讓我不再懼怕消逝，也不再因黑暗而回想起那次深沉的睡眠。

在這片寂靜的黑暗中，我感受到新我的存在，他的呼吸聲輕輕地迴盪在我耳邊。我知道，即使在這個無光的世界裡，生命依然在延續，在進化。這個新的存在不僅是我的複製品，更是我靈魂的延伸，是我生命的新篇章。

當夜幕完全降臨，我閉上眼睛，感受著內心的平靜與喜悅。我知道，當黎明再次來臨時，我們將共同迎接嶄新的一天，開始一段全新的旅程。

■ 感官進化：人類認知的起源與發展

在人類的發展歷程中，我們的認知能力經歷了一個漫長而複雜的進化過程。從最初懵懂無知的嬰兒，到能夠理解和探索世界的成年人，這一過程中我們的感官扮演了至關重要的角色。觸覺，作為我們最原始也最可靠的感官之一，為我們提供了認識世界的基礎。

然而，我們往往忽視了這個重要的感官，甚至忘記了它在我們早期發展中的關鍵作用。我們是否曾經思考過，當我們還是一個懵懂的嬰兒時，是如何開始認識這個世界的？我們第一次感受到溫暖、冰冷、柔軟、堅硬時的那種新奇感覺，現在是否還能回憶起來？

這些最初的感官體驗，雖然看似微不足道，卻是我們認知世界的起點。它們就像是一粒粒種子，在我們的大腦中生根發芽，逐漸形成了我們對世界的理解。每一次觸控、每一次感受，都在豐富著我們的經驗庫，幫助我們建立起對周圍環境的認知。

然而，隨著年齡的增長，我們似乎逐漸忽視了這些最基本的感官體

驗。我們更多地依賴視覺和聽覺，認為這些更高級的感官能夠為我們提供更準確的訊息。但事實上，正如布豐所說，建立在其他感覺上的認識往往是錯誤的。只有透過觸覺，我們才能獲得最真實、最完整的知識。

因此，我們需要重新認識觸覺的重要性，回溯到我們認知的源頭。這不僅關乎我們對世界的理解，更關乎我們對自身的認識。探索感官的發展過程，就是在探索人類思維的起源。這是一項艱巨的任務，需要我們付出巨大的努力和耐心。但正如布豐所言，當這件事比其他所有事情都重要時，我們難道不應該為此做出努力嗎？

當我是世界上第一個人，睜開眼睛的那一刻，一切都是如此新奇。我的存在本身就是一個謎，我不知道自己是誰，也不清楚自己從何而來。但這種未知並沒有讓我感到恐懼，反而激發了我強烈的好奇心。

當我第一次感受到自己的存在時，那種奇異的感覺既讓我喜悅又讓我困惑。我的眼睛緩緩睜開，眼前的景象令我驚嘆不已。廣闊的天空、無邊無際的大地、奔騰不息的河流，這些景象深深地吸引著我，讓我充滿了活力和快樂。

起初，我天真地以為所看到的一切都是我身體的一部分。這種想法讓我感到自己無比強大，彷彿整個世界都屬於我。然而，當我直視太陽時，刺眼的光芒迫使我閉上雙眼。這個小小的動作卻帶來了巨大的變化，我突然感覺失去了自我，這種感覺讓我感到非常困惑和不安。

就在這時，我聽到了外界的聲音。鳥兒的歌唱、微風的私語，彷彿一場精心編排的音樂會在我耳邊上演。這些聲音穿透我的耳膜，直達我靈魂的深處。我全神貫注地聆聽著，沉浸在這種全新的存在方式中。

當我再次睜開眼睛時，我發現自己已經忘記了之前對陽光的困惑。我開始意識到，世界並不是我身體的一部分，而是一個獨立於我之外的

存在。這個認知讓我感到無比興奮，因為我意識到自己可以擁有和感受如此多樣的事物。

在這個過程中，我的快樂不斷累積，甚至超越了最初感受到的一切。我沉浸在這種喜悅中，一時間連那些動聽的聲響都被我遺忘了。這就是我，一個初生的靈魂，開始了探索世界和認識自我的奇妙旅程。

■ 自我意識：感官探索與存在思考

我靜靜地坐在那裡，感受著周遭世界的變幻莫測。陽光灑落，為萬物染上不同色彩，風兒輕撫過我的肌膚，帶來大自然的芳香。這些感官體驗在我心中激起陣陣漣漪，引發了一種難以言喻的快樂和自戀情緒。

突然間，一股莫名的力量驅使我站了起來。我小心翼翼地邁出第一步，卻被這新的處境嚇了一跳。我感覺自己的存在似乎發生了某種變化，周圍的一切因我的輕微動作而變得混亂不堪。

懷著好奇和些許恐懼，我開始探索自己的身體。我的手觸碰到額

頭、眼睛，然後是全身上下。這種觸感如此清晰完整，遠勝於視覺和聽覺帶來的愉悅。我驚訝地發現，手似乎成為了我認識世界的主要工具。

每一次觸碰都在我的靈魂深處激起雙重的感受：既是對外在世界的探索，也是對內在自我的認知。這種感覺能力逐漸擴散到我生命的各個角落，讓我開始意識到自己身體的界限。

我曾經以為自己的身體龐大無比，周圍的一切不過是微不足道的點綴。然而，當我仔細觀察自己的手部動作時，這種認知開始發生變化。我驚奇地發現，當我將手靠近眼睛時，它竟然能夠遮蔽我視野中的其他事物，顯得比我的身體還要巨大。

這一刻，我意識到感官體驗的相對性和主觀性。我開始思考存在的本質，以及我與周遭世界的關係。這種自我意識的覺醒，既令人興奮又令人困惑。我感到自己正站在認知的邊緣，準備踏入一個全新的世界，一個充滿無限可能的未知領域。

我的思緒如同一條蜿蜒的小溪，不斷流淌、彙集，最終形成了一片深邃的思想之海。在這片海洋中，我開始質疑自己所感知到的一切。那些透過眼睛所見的景象，真的是現實的反映嗎？還是僅僅是我大腦編織出的幻象？

這種懷疑並非毫無緣由。我曾親身經歷過一種奇特的現象：我的手，這個我再熟悉不過的身體部位，竟然在某一刻變得異常巨大。這種不可思議的體驗讓我不得不重新審視自己的感官。

在這種困惑中，我做出了一個決定：只相信觸覺。是的，觸覺似乎是唯一不會欺騙我的感官。於是，我帶著這種新的認知，重新踏上了探索的旅程。

然而，這種態度很快就遭遇了挑戰。當我自信滿滿地邁步前行時，

新我：生命的奇妙探索

一棵棕櫚樹硬生生地闖入了我的世界。這次意外的碰撞不僅帶來了肉體的疼痛，更是在我的認知世界中投下了一顆震撼彈。

我小心翼翼地伸出手，觸摸這個陌生的存在。樹幹的粗糙質感透過指尖傳遞到我的大腦，這種感覺是如此真實，卻又如此陌生。在這一刻，我突然意識到：在我的身體之外，還存在著其他的事物！

這個發現讓我既興奮又困惑。我開始思考：如果觸覺是唯一可信的感官，那麼我該如何理解那些我看得到卻摸不到的東西呢？比如說，那個高懸於天空的耀眼太陽？

帶著這樣的疑問，我開始了一系列的嘗試。我伸出手，試圖觸碰我所看到的一切。然而，結果卻出人意料：有些東西看似近在咫尺，實際上卻遙不可及。這種矛盾讓我更加困惑，也更加渴望探索真相。

在這個過程中，我逐漸學會了協調視覺和觸覺。我開始用眼睛引導雙手，去感受周圍的世界。這種新的感知方式，為我打開了一扇通往更廣闊世界的大門。

然而，隨著探索的深入，我發現自己陷入了更多的困惑。每一個答案背後，似乎都隱藏著更多的問題。這種持續的思考讓我感到疲憊不堪。

於是，我選擇暫時停下腳步，讓自己沉浸在一種平靜的狀態中。在這種寧靜中，我感受到了自己感官的重生。我知道，這只是探索感知真實性的開始，前方還有更多未知的領域等待我去探索。

神經系統：感覺傳遞的微妙機制

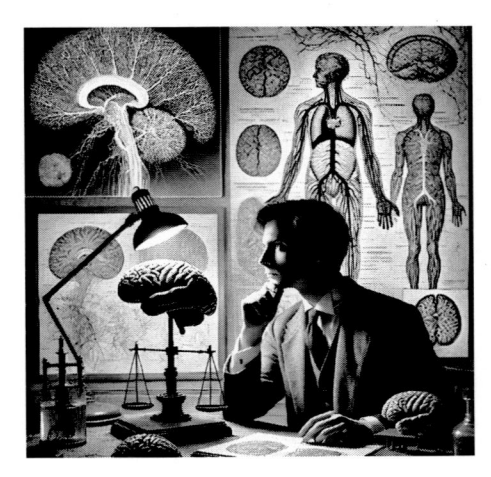

在探索生命體的奧祕時，我們不得不驚嘆於神經系統的複雜性和精妙設計。這個系統是如此精密，以至於能夠在瞬間傳遞各種感覺和運動訊號。讓我們深入了解這個神奇的機制。

首先，我們需要意識到，無論是肌肉運動還是情感傳遞，都依賴於神經系統中的某種特殊物質。這種物質的傳播速度快得驚人，能夠在眨眼間從神經系統的一端傳遞到另一端。它的運動方式可能類似於橡皮筋的振動，或者電流的傳導，甚至可能像細小的火花一樣閃現。

這種神奇的物質存在於所有生命體中，並透過心臟跳動、肺部呼吸、血液循環以及外界刺激等因素不斷地再生。值得注意的是，在動物體內，只有神經和腦膜才是真正敏感的器官。相比之下，血液、淋巴等液體，以及脂肪、骨骼、肌肉等固體組織的敏感度就顯得相對較低了。

有趣的是，腦髓本身似乎並不是傳遞感覺的關鍵物質。它柔軟且缺乏彈性，既不能有效傳播訊號，也不能進行運動和情感的傳遞。相反，

腦膜卻極為敏感。它包裹著所有的神經，在大腦中形成神經分支，一直延伸到神經的最細小末梢。這些神經末梢是扁平的，與大腦神經同屬一種物質，具有相似的彈性，是整個敏感系統中至關重要的組成部分。

因此，如果我們認為感覺中樞位於大腦區域，那麼起決定性作用的應該是腦膜，而不是腦髓。這一觀點挑戰了一些人的傳統認知，他們認為感覺中樞和敏感中心都位於大腦中，因為所有的感覺神經似乎都通向腦髓。然而，這種觀點忽視了大腦的實際結構。

事實上，大腦中被認為是感覺中樞的松果體和胼胝體並不包含任何神經。它們被不敏感的腦髓物質所包圍，這些物質將神經與所謂的感覺中樞隔開。這種結構使得它們接收到的運動訊號可能會有所不同，從而質疑了傳統假設的合理性。

在探討生命奧祕的過程中，大腦一直是一個引人入勝卻又充滿謎團的器官。許多人認為大腦是感覺和情感的中樞，但事實真的如此嗎？讓我們一起深入探討這個問題。

首先，我們需要重新審視大腦的本質功能。大腦並非如常人所想像的那樣是感覺和情感的發源地，而是一個極其重要的營養供給器官。它的主要作用是分泌並提供神經系統所需的營養物質，從而維持神經的生長和存續。這一觀點可能會顛覆許多人對大腦的傳統認知。

那麼，為什麼不同動物的大腦大小會有差異呢？這與它們體內的神經數量密切相關。人類、四足動物和鳥類擁有較大的大腦，是因為它們的神經數量遠超過魚類和昆蟲。這也解釋了為什麼後者的感覺相對較弱——它們的大腦容量小，能夠接收營養的神經數量也相應較少。

有趣的是，人類的大腦並非最大。某些猴類和鯨類的大腦體積甚至超過人類，這主要是由於它們龐大的身軀所決定的。這一事實進一步證

明，大腦的大小與感覺和情感的豐富程度並不存在直接關聯。

當大腦受到擠壓時，我們確實會觀察到感覺活動的中止。但這並不意味著大腦就是感覺的中樞。實際上，這種現象更像是對神經末梢施加壓力所導致的暫時性麻木，類似於我們對手臂或腿部施加重壓時的感覺。一旦壓力消除，感覺便會迅速恢復。

值得注意的是，嚴重損傷大腦確實可能導致痙攣、知覺喪失，甚至死亡。但這主要是因為神經系統遭受了不可逆的破壞，而非大腦作為感覺中樞被摧毀的結果。

生命的延展性：從動物觀察到人類潛能

在探討生命的本質時，我們不禁要問：生命的中樞到底在哪裡？是否真的如我們所想像的那樣，大腦就是一切感覺和情感的泉源？讓我們從一個有趣的角度來思考這個問題。

自然界中存在著許多沒有頭腦或大腦的生物，比如某些昆蟲和蠕蟲。它們雖然沒有我們所認知的「大腦」，卻依然能夠感知周圍環境、

新我：生命的奇妙探索

移動甚至生存繁衍。這個現象不禁讓我們質疑：是否應該將脊髓，而非大腦，視為感覺和情感的中樞？畢竟，脊髓是幾乎所有動物都具備的器官。

從生命的長度來看，自然界中的許多動物都能達到其正常壽命的兩倍。以馬為例，雖然罕見，但確實有馬匹能活到 50 歲。那麼，我們是否可以推論，人類也有可能將壽命延長至 160 歲？這個想法或許聽起來有些天方夜譚，但在自然界中並非完全不可能。

更有趣的是，當我們觀察高齡人士時，我們總是抱有希望他們能再多活幾年的心態。即使面對一位 90 歲的老人，我們仍然希望他能再活三年。這種願望反映了人類對生命延續的渴望，也暗示了生命本身的彈性和可能性。

因此，我們不應將衰老視為一種不可避免的命運。相反，我們應該保持開放和積極的態度，相信只要保持精神的年輕，我們的心就永遠不會衰老。這種觀點不僅有助於我們保持樂觀向上的生活態度，更能激發我們探索生命潛能的動力。

作為哲學家，我們應該挑戰那些將人類衰老視為不可避免的偏見。相反，我們應該鼓勵人們探索生命的可能性，追求身心的和諧發展，為實現更長久、更有意義的人生而努力。畢竟，生命的價值不僅在於長度，更在於我們如何充實地度過每一天。

年齡只是一個數字，真正決定我們與死亡距離的是我們如何對待自己的身心。就像那匹 50 歲仍在勞作的老馬，它並不因為年紀大而比年輕的馬更接近死亡。相反，只要我們懂得合理地運用自己的精力，即便到了 80 歲，我們依然可以擁有充實而快樂的生活。

高齡的幸福來源於多方面。首先，健康的身體讓我們對生活充滿信

心。每天早晨能夠精神抖擻地起床，享受與年輕人一樣的樂趣，這難道不是一種幸福嗎？其次，豐富的人生經驗讓我們的行為更加明智，內心更加平和。那些曾經讓我們感到遺憾的往事，如今回想起來卻成為珍貴的回憶，為我們帶來甜美的感受。青春期的煩惱和憂愁早已煙消雲散，留下的只有美好的回憶和永恆的激情。

更重要的是，高齡階段雖然身體機能可能有所下降，但精神世界卻更加豐富。正如95歲高齡的哲學家豐特奈爾所言，55歲到65歲的十年是他一生中最幸福的時光。這個年齡層的人們通常已經累積了一定的財富和聲望，生活穩定，激情平靜，對社會的責任也已履行。他們面對的競爭和嫉妒減少了，因為自己的成就已得到認可。這種由才智創造出來的寧靜享受，才是人生最大的幸福。

因此，我們不應該畏懼衰老，而應該珍惜高齡帶來的智慧和平和。只要我們保持健康的身體和積極的心態，我們就能在人生的每個階段找到屬於自己的幸福。讓我們以開放的心態擁抱生命的每一個階段，享受高齡帶來的獨特魅力和智慧。

■ 死亡：意義並不在於其長短

在人生的不同階段，我們經歷著本原的變化與交織，這種變化影響著我們對幸福的感知和追求。童年時期，我們沉浸在動物本原的支配下，享受著純粹的快樂和自由。儘管會遇到一些小挫折，但這些都無法動搖我們存在的本質。成年人對兒童的約束看似殘酷，實則是為了鋪就未來幸福的基石。

隨著年齡的增長，我們進入了一個新的階段──青春期。這是一個

充滿矛盾與激情的時期，精神本原開始崛起，與動物本原展開了一場激烈的較量。這種內在的衝突為我們帶來了前所未有的體驗和感受。

生命並非一條連續不斷的線，而是被睡眠和死亡的斷口所分割的線段。每一次的中斷都在提醒我們生命的有限性。既然如此，我們為何要過分在意這條時常中斷的線的長短呢？重要的是我們如何度過每一個醒著的時刻。

許多人之所以無法客觀看待生死，是因為靈魂膽小的人遠多於靈魂堅強的人。這導致死亡的概念被誇大，讓人感到恐懼和厭惡。然而，我們應該意識到，每次對生存產生的不祥預感，都是對身心的一次傷害。死亡本身並不可怕，真正可怕的是我們對死亡的恐懼。

雖然斯多葛主義者將死亡視為「人類的至尊財富」，但筆者並不完全認同這種觀點。死亡既不是巨大的痛苦，也不是巨大的財富。我們應該努力了解死亡的真相，但更重要的是要學會如何活在當下，尋找生命中的幸福。

總之，能夠放下對死亡的恐懼，專注於當下的生活，珍惜每一刻，

從而找到真正的幸福。我們應該擁抱生命，而不是被死亡的陰影所困擾。

生命的旅程充滿未知，而死亡似乎是唯一可以確定的終點。然而，正是這種確定性常常成為許多人，特別是老年人，心中的陰霾。我們不應該讓對死亡的恐懼矇蔽了我們享受當下的能力。相反，我們應該學會以更加開放和積極的態度來看待生命的每一個階段。

老年並不意味著生命即將結束。即使是70歲、80歲甚至86歲的人，也可能還有相當長的時間可以享受生活。因此，我們不應該把時間浪費在無謂的憂慮上。相反，我們應該專注於那些能夠帶給我們快樂和滿足的事物，讓自己沉浸在美好的事物中，遠離那些會讓我們感到不快或痛苦的想法。

生命的本質並非一條連續不斷的線，而是由許多片段組成的。每一次入睡都可能是對生命連續性的短暫中斷。既然如此，我們為什麼要過分在意這條時常被打斷的線的長度呢？重要的不是我們活了多久，而是我們如何度過每一個醒著的時刻。

人們之所以害怕死亡，相當程度上是因為我們誇大了它的可怕程度。然而，真正傷害我們的不是死亡本身，而是對死亡的恐懼。每一次對生命終結的不祥預感，都會給我們的身心帶來實際的傷害。因此，我們需要學會以更加理性和平和的心態來看待死亡。

本文的目的並非要美化死亡，也不是要否定它的存在。相反，我們應該努力理解死亡的真實面目，並在此基礎上找到真正的幸福。只有當我們不再被死亡的陰影所困擾，才能真正享受生命的美好，活出精彩的人生。

■ 快樂與痛苦：尋找內心的寧靜

人類對快樂的追求是永恆的主題，但我們卻常常忽視了快樂與痛苦之間微妙的平衡。快樂，從本質上來說，是一種符合我們天性的生理感受。它讓我們的身心感到愉悅，維持著生命的延續。相對地，痛苦則是一種警示，提醒我們身體正面臨某種威脅或傷害。

然而，我們不能將快樂與痛苦僅僅視為單純的生理反應。人類的複雜性遠遠超越了這個層面。我們擁有豐富的想像力，這使得我們能夠創造出無限的可能性，但同時也為我們帶來了許多不必要的煩惱。我們的靈魂常常沉浸在虛幻的景象中，被那些不切實際的期望所困擾。這種過度的想像不僅無法帶來真正的快樂，反而會讓我們失去判斷力，甚至喪失自制能力。

真正的幸福並非來自外界，而是源於我們內心的安寧。當我們的靈魂處於平靜狀態時，我們才能真正感受到快樂的存在。這就像是一個永恆的悖論：我們越是追求快樂，反而越容易失去它；相反，當我們學會

接受現實，不過分追求時，快樂反而會不期而至。

自然賦予我們的本能是最純粹的快樂來源。它滿足我們的基本需求，幫助我們抵禦痛苦。但我們常常被自己的慾望所矇蔽，追求超越本性的東西，結果反而帶來痛苦。因此，學會控制慾望，回歸本性，才是獲得持久快樂的關鍵。

最後，我們要明白，生命中的快樂與痛苦是不可分割的。我們不應該過分恐懼痛苦，因為正是這些經歷讓我們更加珍惜快樂的時刻。真正讓我們感到不安的，往往不是現實中的困難，而是我們內心的恐懼和焦慮。只有當我們學會平衡內心，接受生命的起起落落，我們才能真正感受到持久的幸福和安寧。

人類與動物最大的區別在於，我們不僅能透過滿足生理需求獲得快樂，更能從精神層面汲取喜悅。這種源於求知的快樂，純淨而深邃，是靈魂的真正滋養。然而，當我們被慾望主宰時，理智的聲音就會變得微弱，我們便開始厭惡真理，陷入幻覺的漩渦中。

在這種狀態下，我們失去了判斷的能力，只能依靠情緒和慾望行事。這不僅導致我們對他人不公，也使我們開始輕視自己。我們甚至希望改變靈魂的本質，將原本用於認知的能力轉而用於感受，羨慕那些失去理智的人，因為我們的理智變得斷斷續續，成為了一種負擔。

這種矛盾的狀態讓我們陷入了一個危險的循環：我們試圖逃避自我，沉溺於幻覺之中。持續的慾望可能導致精神錯亂，而間歇性的強烈慾望則是精神疾病的徵兆。即便在清醒的時刻，我們也無法真正感到幸福，因為我們意識到了自身的問題，對自己的行為充滿了譴責。

有趣的是，那些被認為是「瘋子」的人，往往是慾望最強烈的人。他們在理智時刻會意識到自己的瘋狂，因此感到更加痛苦。這也解釋了為

什麼上流社會的人，儘管擁有更多的物質條件，卻可能比底層社會的人更不幸福。他們擁有更多不切實際的期望和慾望，這些都成為了靈魂的枷鎖。

因此，真正的幸福不在於盲目追求慾望的滿足，而在於在理智與慾望之間尋找平衡。只有當我們學會控制慾望，培養理智，才能獲得持久的快樂和內心的平靜。

▋智者精神境界：布豐論人類心靈的卓越

讓我們轉向那些值得我們敬仰的智者，他們的生活方式和精神境界值得我們深思。這些人把自己視為自身命運的主宰者，對現狀心滿意足，並以當下的狀態安然存在。他們自給自足，很少需要他人幫助，也絕不會成為別人的負擔。

智者們不斷發揮自身的精神力量，完善智力，培養情操，汲取新知識。他們時刻保持滿足感，不為任何事情悔恨或煩惱，既享受自己的生活，也欣賞整個世界的美好。這樣的人無疑是自然界中最幸福的，他們

將動物性的肉體快感與人類獨有的精神愉悅完美融合。

即便遭遇身體不適或其他意外痛苦，智者們所承受的痛苦也遠少於常人。他們強大的精神力量和理性思維給予他們支撐和慰藉。甚至在遭受痛苦時，他們也能從自身的堅韌中獲得一絲滿足感。

布豐對人類心靈的獨特性有著深刻的見解。他認為，人類夢境的內容雖然源於現實體驗，但兩者之間的連繫並非顯而易見，需要仔細觀察才能發現。布豐進一步指出，人類與動物在夢境方面的區別反映了人類心靈的卓越。

人類能夠觀察到事物之間遠隔的關係，這種能力是我們心靈中最輝煌、最活躍的才能，是高等智力和天才的表現。這正是人類區別於其他動物的關鍵所在。布豐的觀點揭示了人類心靈的獨特魅力，也為我們理解人類精神世界的豐富性提供了新的視角。

在探討動物是否具有記憶這個問題時，我們不得不深入思考夢境的本質。有人可能會以狗在睡夢中發出各種叫聲為例，認為這證明了動物也擁有強烈而生動的回憶。然而，這種觀點忽視了一個重要的區別：動物的「回憶」可能僅僅是對外部刺激的本能反應，而非真正的記憶。

為了更容易理解這個問題，我們需要仔細考察夢的本質。夢究竟是源自心靈的產物，還是僅僅依賴於我們的內心感受？如果我們能夠證明夢寓居於心靈之中，那麼這不僅可以回應不同的意見，還能為動物缺乏真正記憶和理解力提供新的論證。

讓我們從人類的夢境開始探索。我們的夢往往缺乏邏輯性，充滿奇特的事件和鬆散的連繫。這是因為夢主要圍繞感覺而非思緒展開。在夢中，我們失去了時間觀念，可能會看到早已離世的人與當下的人事物交織在一起。我們無法辨認夢中的場景，腦海中呈現的景象在現實中可能

根本不存在。

　　這種混亂狀態恰恰說明了靈魂在夢中並未完全發揮作用。如果靈魂能夠自由活動，它應該能夠迅速理清這些混亂的感覺。然而，在夢中，靈魂似乎處於半休眠狀態，無法有效地組織和整理這些零散的感受和印象。

　　相比之下，動物沒有靈魂，因此它們的「夢」更像是純粹的感官反應，而非源自心靈的體驗。這也解釋了為什麼動物無法像人類一樣擁有真正的記憶和理解力。它們的反應更多是出於本能，而非深思熟慮的結果。

■ 夢境本質：感覺的迷宮與意識的幻影

　　在探索人類心靈的奧祕時，我們不得不面對一個令人著迷又困惑的現象──夢境。它如同一面模糊的鏡子，既反映我們的內心世界，又扭曲了現實的樣貌。我們常常被夢的生動與真實所迷惑，以為它是記憶的碎片或意識的延續。然而，這種看法可能只是我們對夢境本質的一種誤解。

讓我們深入探討夢境的本質。在夢中，我們似乎失去了比較和概念化的能力，只剩下純粹的感覺流動。這種狀態與我們清醒時的思維方式截然不同。我們無法在夢中進行邏輯推理，也無法形成清晰的時間概念。因此，將夢境等同於記憶或有意識的思考過程是不恰當的。

有人可能會以夢遊者為例，試圖證明夢中存在意識活動。然而，這種論證經不起推敲。夢遊者的行為更像是一種本能反應，而非有意識的控制。他們的言行可能看似連貫，但實際上缺乏真正的思考和自我意識。這種狀態下的人可能比清醒時的笨拙者更加無知，因為他們只有片面的感覺和意識在運作。

同樣，那些在睡夢中能夠說話或回答問題的人，也不能被視為具有完整的意識活動。他們的反應往往是簡單而機械的，不涉及複雜的思維過程。這些現象更可能是我們大腦的某種自動化反應，而非真正的意識活動。

因此，我們應該重新審視對夢境的理解。夢可能僅僅是我們內在感官的一種表現，是感覺和情感的無序組合，而非記憶或意識的產物。它像是一個沒有邏輯和時間概念的感覺迷宮，我們在其中漫遊，卻無法真正掌控或理解它。

這種對夢境本質的重新認識，不僅有助於我們更容易理解人類心智的運作，也提醒我們在解釋夢境時應保持謹慎。夢境雖然神奇，但它或許更接近於一種感覺的幻影，而非我們所想像的意識延伸。

在我們探索夢的奧祕時，不得不思考一個引人入勝的問題：為何我們會做夢？夢的本質究竟是什麼？讓我們深入探討夢的偶然性因素，揭示那些隱藏在我們意識深處的奧祕。

睡眠，這個看似平凡的生理現象，實際上是一個複雜而神奇的過

程。當我們進入深度睡眠時，外界的刺激似乎被一層厚重的帷幕所遮蔽。然而，我們內心的感覺卻像是一位不知疲倦的守夜人，最後入睡卻最早甦醒。這種內在感覺的敏銳性，使得它比外在感覺更容易被驚醒，也更加活躍。

在我們即將進入夢鄉的那個微妙時刻，幻想開始悄然而至。那些不經思考就能浮現的感受，彷彿是從記憶的深處被喚醒，重新在我們的意識中綻放。這就解釋了為何我們的夢境常常充滿了強烈的情感，或是令人恐懼，或是令人喜悅。

有趣的是，即使我們的外在感覺已經進入半睡眠狀態，我們體內的某些感覺仍在悄然運作。這就像是一場奇妙的交響樂，外在世界的聲音漸漸消退，而內心的旋律卻越發清晰。

想像一下，當我們躺在床上，身體逐漸放鬆，眼睛雖然閉上但還未完全陷入黑暗，耳朵不再敏感，其他感官也逐漸停止運作。這時，我們的頭腦不再思考，內心不再活動，唯一還在運作的就是那神祕的內在感覺。

在這個特殊的時刻，我們彷彿置身於一個幻影與陰影交織的世界。醒來後，我們仍能感受到睡眠帶來的影響。對於身體健康的人來說，這可能是一幅清晰明朗的影像或美麗的景物。而對於身體虛弱或不適的人，可能會出現怪異甚至恐怖的景象。

這些光怪陸離的幻影在我們的腦海中快速變幻，有時令人愉悅，有時令人不安。它們不僅影響我們的情緒，還可能對我們的感官和神經系統產生影響，使我們在醒來時感到虛弱不堪。

人類：思維的深度與局限

人類：思維的深度與局限

人類的思維能力是我們區別於其他生物的關鍵特徵，但這種能力並非完全平均分布於所有人身上。在探討人類思維的本質時，我們不得不承認存在著巨大的個體差異。

首先，讓我們回顧一下人類與動物在感知與思維上的區別。人類擁有記憶和時間概念，這使我們能夠區分夢境與現實，而動物則無法做到這一點。這種區分能力是人類思維的基礎，也是我們能夠進行複雜思考的前提。

人類的思維活動可以分為兩個層次：第一層次是比較感受並形成觀點，第二層次是比較觀點並形成推理。這兩個層次的思維活動構成了人類理解力的核心。然而，令人遺憾的是，大多數人的思維似乎停留在第一個層次。

為什麼會出現這種情況呢？這與人類的模仿本能有關。大多數人傾向於模仿已經存在的東西，他們的思考模式和記憶程式往往與他人相似。這種行為雖然在某些方面有利於社會的穩定和文化的傳承，但同時也限制了個人思辨能力的發展，阻礙了創新和獨立思考的可能性。

然而，我們不應該對此感到絕望。儘管大多數人可能停留在第一層次的思維活動中，但仍然有一些人能夠達到第二層次，他們能夠比較不同的觀點，進行歸納和推理，最終創造出新穎而近乎完美的作品。這些人展示了人類思維的真正潛力，他們的存在證明了人類確實具有超越簡單模仿的能力。

要突破思維的局限，關鍵在於培養獨立思考的能力。我們需要鼓勵人們不僅僅滿足於接受現有的知識和觀點，而是要學會質疑、比較和創新。只有這樣，我們才能真正發揮人類思維的潛力，推動社會和文明的進步。

想像力是人類最卓越的才能之一，它不僅能讓我們迅速抓住時機，還能發現事物間看似遙遠的關聯。這種高等智力是天才的表現，也是人類與動物的重要區別。然而，我們還擁有另一種與動物相似的想像力，它與我們的身體器官密切相關，如同慾望一般在我們內心翻騰。這種想像力可能導致我們像動物一樣魯莽行事，是幻覺的泉源，也是理智的敵人。

人類最顯著的特徵是社會性，這一點將我們與動物世界區分開來。社會性展現在人與人之間的交流、等級制度以及國家、民族觀念的建立等方面。布豐在描述人性時也強調了這一點，他從野蠻人的生活狀態出發，勾勒出社會形成的過程。他認為，人類之所以建立社會，是為了滿足自身的需求。

在探討人類歷史時，我們不能僅僅關注個體的發展歷程，還需要考察不同地區、不同人種的具體細節。這些細節主要展現在三個方面：首先是膚色，這是區分不同人種最明顯的特徵；其次是身體的形狀和大小；最後是各民族的獨特習性。每一個方面都可以成為一個深入的研究課題，甚至可以寫成一部鴻篇巨製。

然而，由於篇幅所限，我們只能簡要地介紹一些最普遍、最確切的事實。這些事實不僅能幫助我們理解人類的多樣性，還能揭示人類社會發展的複雜性。透過研究這些細節，我們可以更容易理解人類的本質，以及我們與其他生物之間的根本區別。

文明與野蠻：對土著民族習俗的理性審視

在探討人類文明與野蠻的界限時，我們常常陷入一種失誤：過度渲染某些土著民族的所謂「野蠻」習俗。這種做法不僅缺乏科學性，更可能導致對整個民族的偏見和誤解。事實上，許多被描述為「野蠻習俗」的行為，往往只是個別事件或者特殊情況，並不能代表整個民族的普遍行為。

讓我們思考一下，當我們聽到某些民族有食人、活烤敵人、肢解屍體等駭人聽聞的行為時，我們是否應該質疑這些訊息的真實性和普遍性？這些所謂的「事實」很可能只是醉酒旅行者口中的奇聞軼事，或者是個別極端分子的行為。將這些孤立事件上升為整個民族的習俗，無疑是對該民族的不公平對待。

更重要的是，我們需要重新審視何為「民族」。一個真正的民族應該具備共同的語言、文化、習俗和社會結構。他們有共同的利益和目標，遵循一定的法律和道德規範。相比之下，那些被描述為「野蠻」的群體，

往往缺乏這些基本特徵。他們可能只是一群沒有組織、沒有共同目標的個體聚集。

因此，我們在評判一個民族時，不應該被一些駭人聽聞的故事所迷惑。相反，我們應該關注他們的社會結構、語言交流、領導體系等更為本質的特徵。只有這樣，我們才能對一個民族有更加全面和公正的認識。

在探討人類文明的發展時，我們需要保持開放和理性的態度。每個民族都有其獨特的發展軌跡，我們不應該用單一的標準來評判所有文化。只有透過深入理解和尊重每個民族的特殊性，我們才能真正推動人類文明的進步。

在這個高度文明的世界裡，我們常常忽視了人類最原始的本質。然而，透過觀察所謂的「野蠻人」，我們可以窺見人性最純粹的一面。這些未開化的個體，雖然在語言和思維上看似簡單，卻為我們提供了一個獨特的視角來理解人類的本質。

野蠻人的語言特點反映了他們的思維模式。由於他們的頭腦中只存在有限的觀念，他們使用的詞彙也相應地少而精。這種簡單性使得他們能夠迅速理解彼此，甚至快速學習其他部落的語言。相比之下，文明社會的語言學習則顯得複雜而困難。

然而，我們不應將野蠻人簡單化或將其浪漫化。相反，我們應該仔細觀察他們的個體特徵。事實上，野蠻人可能是我們最不了解，也最難描述的群體。他們展現了人類最原始的狀態，這對於理解人性有著無可比擬的價值。

對於哲學家而言，一個真正的野人可能是一個稀有而珍貴的研究對象。透過觀察這些未受文明影響的個體，我們可以洞察人類本性中最原

始的慾望和行為。這些觀察揭示了人類與其他動物的共通之處，比如尋找食物的本能，同時也展現了人類獨特的特質，如溫柔、平靜和克制。

然而，我們必須謹慎地解讀這些觀察結果。區分天生的本能和後天習得的行為並非易事。我們很容易將兩者混淆，或者將文明社會的標準強加於這些原始個體身上。

整體而言，研究野蠻人為我們提供了一個難得的機會，讓我們能夠重新審視人性的本質，並思考文明對我們的影響。這種研究不僅有助於我們理解人類的起源，也能啟發我們思考現代社會中人性的複雜性。

■ 人性雙面：從黃金時代到文明社會的反思

在人類文明的長河中，我們常常聽到一些哲學家對原始生活的歌頌和對現代社會的批評。這種思想源於對所謂「黃金時代」的嚮往，一個人與自然和諧共處、無憂無慮的時代。然而，這種理想化的描述是否真實存在，還是僅僅是一種美好的幻想？

人性雙面：從黃金時代到文明社會的反思

在那個想像中的黃金時代，人們過著簡單而純粹的生活。他們飲用清澈的溪水，享用大自然賜予的食物，與其他生物和平共存。這幅圖景似乎呈現了一種完美的生活狀態，沒有爭鬥、沒有痛苦、沒有慾望。然而，當我們仔細思考時，會發現這種生活方式可能更接近於動物的存在，而非真正的人類生活。

隨著人類社會的發展，我們確實失去了一些原始的純真和自由。我們建立了複雜的社會結構，發展了各種規則和道德準則。這個過程中，我們也不可避免地面臨了各種矛盾和衝突。一些哲學家將這種變化視為人類的墮落，認為我們背離了自然的本真狀態。

但是，我們不禁要問：難道人類的進步就等同於墮落嗎？我們創造的文明，發展的科技，探索的知識，難道不是人類精神的展現嗎？雖然社會發展帶來了新的問題和挑戰，但同時也為我們提供了更多的可能性和機會。

與其沉溺於對虛幻黃金時代的懷念，我們更應該思考如何在現實社會中尋求平衡和幸福。真正的智慧不在於逃避現實，而在於如何在複雜的環境中保持內心的寧靜和對生活的熱愛。我們應該珍惜人性中的美好品格，同時也要正視和克服自身的缺陷。

人類之所以為人，正是因為我們有能力思考、創造和改變。我們不應該將自己局限於動物般的本能生活，而是要充分發揮我們的潛能，追求更高層次的精神生活。在這個過程中，我們或許會遇到困難和痛苦，但這些經歷恰恰塑造了我們的人性，讓我們成為真正的人。

人類社會的演變是一個漫長而複雜的過程，而非簡單的二元對立。我們不能像某些哲學家那樣，武斷地將原始人、野人與現代人劃分為截然不同的類別。相反，我們應該以更細緻的眼光，觀察不同文明程度的

社會之間的漸進關係。

從最文明的民族中，我們可以窺見落後民族的影子；透過落後民族，我們又可以理解更不文明或專制的社會。這種層層遞進的觀察方法，使我們能夠更全面地理解人類社會的發展脈絡。在這個過程中，我們會發現一些民族形成了大型的集體，由首領統率；另一些則組成了規模較小、更易於管理的社會單位；還有一些則處於更為原始的狀態，既沒有形成家庭，也沒有建立制度。

然而，無論社會形態如何，家庭作為最基本的社會單位，其重要性是不容忽視的。人類嬰兒的脆弱性決定了我們必須依賴社會才能生存和繁衍。與其他動物相比，人類嬰兒需要更長時間的照料才能獨立生存。這一生理特徵決定了家庭結構的必要性。

父母與子女之間的持久情感連繫，不僅是自然的，更是維持人類社會的必要條件。這種連繫促使我們發展出複雜的交流方式，包括姿態、手勢和語言。即使是最孤獨的野人，也會使用簡單的符號和詞語來表達自己的感受和需求。

因此，我們可以得出結論：人類社會的形成和演變並非偶然，而是基於我們的生理特徵和生存需求的必然結果。從最原始的家庭單位，到複雜的社會結構，每一步都是人類適應環境、追求生存和發展的自然過程。理解這一點，有助於我們更好地認識人類社會的本質，並為未來的發展提供啟示。

■ 野蠻與文明：人類社會的起源與演變

　　人類社會的形成是一個漫長而複雜的過程，即使在最原始的狀態下，人類也有組成家庭和群體的本能。讓我們深入探討這個演變過程，從野蠻人到文明社會的轉變。

　　在荒漠和叢林中，我們可以觀察到野人家庭的雛形。即便是在極端孤立的環境中長大的「熊孩子」，也展現出人類與生俱來的社交本能。若兩個這樣的孩子相遇，他們會自然而然地建立連繫，甚至發展出簡單的語言系統來表達情感和需求。

　　隨著時間推移，這些原始家庭會逐漸擴大，形成小型部落。部落首領通常是最強壯的男性，他們維持著共同的生活方式、習俗和語言。當部落人口成長到一定程度時，會分裂成更小的家庭單位，但仍然保持著文化和語言的紐帶。

　　這些小部落的命運往往取決於他們所處的環境和與其他群體的互動。在氣候宜人、土地肥沃的地區，他們可能會安居樂業，逐漸發展成

為較大的民族。而在資源匱乏的地方，競爭和衝突則更為激烈，可能導致戰爭、奴役和遷徙。

值得注意的是，無論處於何種環境，人類都展現出組成社會的傾向。這種社會化的過程似乎是人性的必然結果，遠比氣候因素更為重要。從最初的家庭單位到複雜的文明社會，人類一直在不斷適應和進化。

這種演變過程揭示了人類社會的本質：我們既是個體，又是群體的一部分。即使在最原始的狀態下，人類也在尋求連線和歸屬感。這種社會性不僅幫助我們生存，還推動了語言、文化和文明的發展。因此，我們可以說，人類社會的起源深深根植於我們的本性之中。

在探索人類社會的起源時，我們不得不回溯到最原始的生存狀態。野人的飲食習慣為我們揭示了人類如何從大自然中汲取智慧，逐步建立起複雜的社會結構。

觀察野人的飲食偏好，我們發現他們並非單純依賴水果和青草維生。相反，他們更傾向於選擇營養豐富的魚肉。這種選擇並非偶然，而是出於生理需求的本能反應。人類的消化系統結構決定了我們需要攝取高密度的營養物質，而不能像某些草食動物那樣靠大量進食低營養密度的食物來滿足身體所需。

野人的智慧不僅展現在食物的選擇上，還表現在飲水方式的創新。他們不滿足於平淡無味的純水，而是尋找或製造更有滋味的飲品。從南方原始人飲用的棕櫚樹水，到北方原始人喝的鯨油，再到掌握發酵技術製作的飲料，這些都展示了人類追求口感的創造力。

為了滿足這些飲食需求，野人發明了各種工具，如弓箭、漁網和漁船。這些發明不僅僅是為了滿足口腹之慾，更是人類智慧的結晶，為日

後的技術進步奠定了基礎。

然而,即使在現代社會,單一的飲食結構仍然無法滿足人體的需求。即便是經過改良的小麥製品和水果,若單獨食用,也難以維持身體的健康。這一點從那些過著極端素食生活的苦行僧身上可見一斑。他們雖然出於崇高的信仰而選擇如此生活,但身體狀況卻每況愈下,生命也往往較為短暫。

這些觀察告訴我們,人類的飲食需求是複雜的,需要多樣化的營養來源。從野人的飲食智慧中,我們可以看到人類如何透過滿足口腹之慾,逐步發展出更高級的思考能力和社會組織形式。這種從自然到文明的進化過程,正是人類社會形成的基石。

■ 飲食智慧:原始人的適應與創新

人類的飲食習慣源於大自然,卻又不局限於此。我們的祖先——那些被稱為「野人」的原始人,展現出了令人驚嘆的適應能力和創新精神。他們不滿足於單調的水果和青草,而是開始尋求更加營養豐富的食物來源。

人類：思維的深度與局限

　　魚肉成為了他們的首選之一。為了獲取這種美味又富含營養的食物，他們發明了各種工具，如弓箭、漁網和漁船。這些工具不僅展現了他們滿足口腹之慾的渴望，更展示了他們卓越的思考能力。

　　飲水方面，原始人同樣展現出了創造力。他們不甘於飲用平淡無味的純水，而是尋找或製造更有滋味的飲品。從法國南部原始人飲用的棕櫚樹水，到北部原始人喝的鯨油，再到掌握發酵技術製作的飲料，都展現了他們對味覺的追求和對自然資源的充分利用。

　　這種飲食習慣的演變並非偶然。人類的生理結構決定了我們無法像某些草食動物那樣，靠大量攝取低營養密度的食物來維持生命。我們只有一個胃和相對較短的腸道，這意味著我們需要攝取更加富含營養的食物。

　　即便在現代社會，單靠植物性食物仍難以滿足人體的全面需求。麵包和水果雖然經過改良，營養價值已遠超野生果實，但若僅靠這些維生，人體仍會變得虛弱。那些出於宗教信仰而選擇素食的苦行僧就是最好的例證。他們遠離社會，生活在與自然隔絕的環境中，往往面色灰暗、精神萎靡，生命也往往較為短暫。

　　因此，我們可以說，原始人的飲食習慣不僅僅是為了滿足口腹之慾，更是為了適應環境、維持生命的需求。他們的創新和智慧，為人類的生存和發展奠定了基礎，也為我們理解人類與自然的關係提供了重要的啟示。

　　布豐的觀點為我們揭示了一個引人深思的問題：人類與其他動物最根本的區別究竟在哪裡？在他看來，答案不僅僅在於我們的智慧和力量，更在於我們獨特的語言能力。這種能力不僅是我們交流的工具，更是我們思維的載體和表現。

布豐認為，語言是人類思維訊號的外在展現。每一個人類群體，無論是文明社會還是原始部落，都擁有自己的語言系統。這種系統使得我們能夠表達複雜的思想，傳遞抽象的概念，甚至描繪尚未實現的未來。正是這種能力，使得人類能夠進行深度的交流，建立複雜的社會結構，創造豐富的文化。

　　相比之下，其他動物，即使是與人類親緣關係最近的靈長類，也沒有發展出類似的語言系統。布豐認為，這並非因為它們在生理結構上有所欠缺。事實上，透過解剖學研究，我們發現猴子的發聲器官與人類非常相似。真正的差異在於思維能力的本質。

　　布豐大膽地假設，如果我們能夠賦予猴子人類般的思維能力，它們可能就能夠開口說話。這個假設雖然在當時看來近乎荒謬，但卻揭示了語言與思維之間的密切關係。語言不僅僅是聲音的產物，更是思維的外在表現。

　　然而，布豐的觀點在當時是具有爭議性的。他強調人類的力量和智慧，而不是將一切歸功於神的創造，這使他幾乎陷入宗教審判的危險。這一事實突顯了布豐思想的先進性，他勇於挑戰當時的主流觀點，為人類認識自身開闢了新的視角。

　　布豐的思想啟發我們思考：語言不僅僅是交流的工具，更是人類思維的獨特烙印。它既是我們認識世界的窗口，也是我們創造世界的利器。在探索人類本質的過程中，語言無疑是一個至關重要的切入點。

■ 進化迷思：動物的語言能力與思維

動物與人類的溝通方式一直是個引人入勝的話題。許多人可能會問：為什麼動物不能像我們一樣說話呢？這個問題的答案並不如表面看起來那麼簡單。事實上，許多動物確實具備發聲的能力，但這並不等同於擁有語言。

讓我們深入探討一下這個問題。有趣的是，某些動物經過訓練後確實能夠模仿人類的語音。鸚鵡就是一個典型的例子，它們能夠重複我們教給它們的詞句。然而，這種能力與真正的語言使用還相去甚遠。關鍵在於，這些動物雖然能夠發出聲音，但卻無法理解這些聲音所代表的含義。

那麼，究竟是什麼阻礙了動物發展出真正的語言呢？答案似乎在於思維能力的差異。語言的形成需要連貫的思想作為基礎，而大多數動物似乎缺乏這種能力。這就解釋了為什麼動物即使能夠發聲，也無法真正地交流思想。

這種思維能力的缺失不僅影響了動物的語言能力，也限制了它們在其他方面的發展。例如，河狸雖然能夠建造巢穴，蜜蜂能夠構築蜂房，但它們似乎永遠無法改進自己的技藝。這種行為模式的固定性進一步證明了動物缺乏真正的思考能力。

然而，我們也不能完全否認動物的智慧。它們確實表現出了某些類似於思維的行為。但這種「思維」與人類的思維有著本質的區別。動物的行為更多地是由本能驅動，而非真正的思考過程。

整體而言，動物與人類在語言和思維能力上的差異，反映了進化過程中的複雜性。這個話題仍然存在許多未解之謎，值得我們進一步探索和研究。

在探討人類與其他生物的本質差異時，我們不禁會思考：是什麼讓我們的創造和成就如此與眾不同？為何我們更重視原創而非模仿？這些問題的答案深深植根於人類思維的獨特性。

每個人的思維都是獨一無二的，這使得我們的創造性成果與他人截然不同。正是這種思維上的差異，讓我們能夠超越簡單的模仿，追求真正的創新。當我們失去了這種高級的思維能力時，我們才會與其他動物相似。然而，即便是自然界中最為優秀的動物，其能力也遠遠不及人類。

人類與其他動物之間存在著本質的區別，這種區別源於我們獨特的天性和思維方式。我們擁有理性思考的能力，這是其他動物所不具備的。在有理性的生物和無理性的生物之間，並不存在過渡的中間形態。這種二元對立的特性，使得人類在自然界中占據了獨特的地位。

我們不應該認為人類是從某種想像中的生物逐漸演變而來的。相反，人類的特殊性展現在我們能夠進行有目的、有秩序的活動，能夠深

入思考，而不僅僅是為了滿足基本的生存需求。這些特質突顯了人類卓越的能力，也展示了大自然在人類與其他動物之間設定的巨大鴻溝。

雖然在外表上，人類與某些動物可能存在相似之處，但我們不應該被這種表面現象所迷惑。如果僅僅基於外部特徵來判斷人類與動物之間的差異，那麼我們很可能會得出錯誤的結論。真正的區別在於我們的內在特質，尤其是我們獨特的思維方式和理性能力。

正是這種獨特的思維能力，使得人類能夠不斷創新、進步，並在地球上創造出如此豐富多彩的文明。我們應該珍惜並發揮這種能力，繼續探索人類思維的奧祕，推動人類文明的進步。

人類思維：超越動物界的智慧之光

人類的思維能力是一種奇妙而獨特的存在，它使我們在動物王國中脫穎而出，成為地球上最具創造力和適應性的物種。這種思維能力不僅僅是簡單的生存工具，更是我們探索世界、創造文明的關鍵所在。

當我們審視人類與其他動物之間的區別時，我們會發現一個深不可

測的鴻溝。即便是最聰明的動物，其能力也無法與人類的思維相提並論。這並非是對動物智慧的貶低，而是對人類獨特性的肯定。我們的思維不僅僅是本能反應的集合，更是一種能夠進行抽象思考、邏輯推理和創新發明的複雜系統。

人類的思維能力使我們能夠超越眼前的現實，構想未來，回顧過去，甚至創造出全新的概念和理念。這種能力使我們能夠不斷突破自身的局限，推動科技進步，創造藝術瑰寶，建立複雜的社會結構。我們不僅能夠適應環境，更能夠主動改造環境以適應我們的需求。

然而，這種獨特的思維能力也帶來了責任。我們有義務善用這種能力，不僅為了自身的利益，也為了整個地球生態系統的福祉。我們必須意識到，雖然我們在智力上遠超其他物種，但我們仍然是地球生態系統中不可分割的一部分。

因此，當我們讚頌人類思維的獨特性時，我們也應該謙卑地意識到我們在自然界中的位置。我們的思維能力賦予我們改變世界的力量，但同時也賦予我們保護和尊重所有生命的責任。只有在這種平衡中，我們才能真正發揮人類思維的潛力，創造一個更加美好、和諧的世界。

地球上的生命是何等幸運啊！大自然以其無與倫比的慷慨，為萬物提供了生存的搖籃。從東方延伸至西方的純淨光芒，如同一層金色的幕布，溫柔地籠罩著這顆美麗的星球。這清澈透明的光線滋潤著萬物，釋放出柔和的光和熱，使得生機勃勃的生命得以綻放。

大自然的恩賜並不止於此。它為生靈們提供了豐富的純淨水源，塑造了起伏的地貌。丘陵擋住了天空中的霧靄，保持了地面空氣的清新；凹陷的窪地則成為了天然的泉水聚集地。更不用說那些幅員遼闊的海洋了，它們雖然看似平靜，卻隨著天體的執行有規律地漲落，與月亮同步

升降，在日月齊升時更是波瀾壯闊。

　　然而，大自然的偉大不僅僅展現在這些外在的宏偉景觀上，它在生命的內部創造出更為奇妙的東西。在大自然的指揮下，萬物叢生，生物之間建立起有序而和諧的關係。它甚至指導人類去美化自然環境，耕種土地，修剪荊棘，種植葡萄和玫瑰，讓生靈們能夠更好地生存。

　　但是，我們不應該盲目崇拜大自然，尤其是作為人類，我們的力量能夠對自然產生重大影響。讓我們看看那些未經人類改造的原始自然：那是一片荒涼之地，遮天蔽日的大樹或彎曲或傾斜，有些已經腐爛。低窪地區是一潭死水，散發著惡臭。在這片蠻荒之地，既沒有道路，也沒有智慧的痕跡。

　　因此，我們既要感恩大自然的恩賜，也要意識到人類在改造自然中的重要作用。我們有責任保護和改善我們的環境，使之更適合生命繁衍。這既是對大自然的敬畏，也是對人類智慧的肯定。讓我們共同努力，創造一個更美好的家園！

人類與大自然：一種難以理解的矛盾

人類與大自然：一種難以理解的矛盾

　　在這片荒涼的土地上，人類的想像力與創造力如同一把鋒利的劍，劈開了大自然的神祕面紗。我們的先祖們懷著對未知的恐懼與對美好生活的渴望，開始了改造自然的偉大征程。他們用簡陋的工具與堅定的意志，將荒蕪之地轉變為生機盎然的樂土。

　　燒荒的煙霧裡，我們彷彿看到了文明的曙光。鐵器的叮噹聲中，我們聽到了進步的腳步。那些曾經令人畏懼的沼澤，在人類的智慧下變成了滋養萬物的溪流。有毒的植物退去，取而代之的是滿眼的綠意與牧場上悠然踱步的牛羊。

　　這樣的改造不僅僅是對環境的塑造，更是人類對自身能力的一種證明。我們用勞動和智慧讓大地煥發新生，讓隱藏的寶藏重見天日。花草樹木在人類的呵護下繁衍生息，有益的動物得到保護與推廣，而那些對人類有害的物種則逐漸消失。

　　然而，在我們為征服自然而歡欣鼓舞的同時，也不禁要問：這種改造是否走得太遠？當我們將荒野變成城市，將沙漠變成綠洲，我們是否也在不經意間與造物主展開了一場無聲的較量？

　　人類社會的發展確實帶來了前所未有的繁榮與便利。但在這片繁榮的背後，我們是否也失去了什麼？那些被我們改造的自然風光，是否還保留著它們原初的美麗與神祕？

　　或許，真正的智慧不僅在於改造自然，更在於如何與自然和諧共處。在追求進步的同時，我們也要學會敬畏自然，珍惜那些未被改變的原始之美。只有這樣，我們才能真正成為大地的主人，而不是它的破壞者。

　　人類雖然稱霸地球，但這份統治權並非永恆不變。我們所享受的一

切，都是透過不斷努力與改造而獲得的成果。然而，這些成就如同沙上城堡，需要持續的維護才能存續。一旦我們停止努力，大自然便會毫不留情地奪回屬於它的領地。

想像一下，當人類放鬆警惕時，造物主便會展現其無與倫比的力量。塵埃會悄然爬上我們引以為傲的建築，歲月會無情地侵蝕我們的文明痕跡。曾經的輝煌將化為廢墟，留給後人的只有無盡的悔恨與遺憾。這種情景不僅僅是對過去的懷念，更是對人類脆弱性的無情提醒。

在這樣的蠻荒時代，饑荒與死亡成為了最直接的威脅。我們不得不承認，只有團結一致，才能產生足以對抗自然的力量。和平時期帶來的繁榮與幸福，正是人類集體智慧的結晶。

然而，人性中存在著一種難以理解的矛盾。我們似乎總是無法滿足於和平與繁榮，反而熱衷於自我毀滅。戰爭，這個人類自己製造的惡魔，往往成為我們走向衰落的催化劑。被貪婪蒙蔽雙眼，被野心驅使前行，我們義無反顧地放棄理智，將自己推向滅亡的深淵。

只有當硝煙散去，所謂的榮耀化為泡影時，我們才能看清眼前的慘狀：曾經繁華的土地變得滿目瘡痍，文明的火種幾近熄滅，人們疲憊不堪，流離失所。在這片狼藉中，幸福變得遙不可及，人類引以為傲的力量再次消失殆盡。

這便是我們永恆的困境：在征服與被征服之間徘徊，在文明與野蠻之間掙扎。我們必須時刻警惕，珍惜來之不易的成果，以免重蹈覆轍，讓人類的輝煌再次淹沒於歷史的長河之中。

■ 自然界的進化：從布豐視角看地球變遷

　　布豐的《自然通史》為我們揭示了一個不斷變化的大自然。在這本著作中，布豐打破了人們對自然界永恆不變的固有認知，向我們展示了地球和生命形態的演變過程。

　　布豐將地球的歷史劃分為七個時期，其中第三個時期是生命誕生的關鍵階段。他認為，最初的生命形態與我們今天所見的大不相同，那些早期物種能夠適應更高的溫度。隨著地球溫度的逐漸降低，這些物種逐漸滅絕，為我們熟悉的生命形態讓路。這一觀點強調了環境變化對生物演化的重要影響。

　　在解釋地球形成的過程中，布豐堅持唯物主義立場，認為地球是經過冷卻的小太陽。他描繪了一幅宏大的演化圖景：從最初的物質到海洋和沙漠的形成，再到植物、動物的出現，最後是人類的誕生。這一論述與《聖經‧創世記》中的創造論形成鮮明對比，為現代地質學和進化論的發展奠定了基礎。

布豐還探討了人類認知自然界的過程。他假設一個失去記憶的人如何逐步認識周圍的世界，從最初對一切感到新奇，到逐漸形成對生命物質的概念，再到區分動物、植物和礦物。這種認知過程反映了人類對自然界的分類方法，也揭示了我們理解世界的本質。

透過布豐的視角，我們看到了一個動態的、不斷演化的自然界。他的研究方法和思想為後世的科學家們開闢了新的研究方向，也讓我們對自然界的認知更加深入和全面。布豐的工作不僅是對自然界的描述，更是對人類認知過程的深刻洞察，為我們理解自然和自身提供了寶貴的視角。

在探索自然界的過程中，人類的好奇心和知識渴求扮演了關鍵角色。我們可以設想，隨著知識的累積，一個人對自然界的觀察方式會發生顯著的變化。這種轉變不僅展現在觀察的深度上，更反映在分類的方法和研究的系統性上。

最初，我們傾向於從熟悉和感興趣的事物開始研究。就像一個對獸類感興趣的人，可能會優先關注牛、馬、狗等常見動物，而對於大象或羊駝這類生活在特殊環境中的動物，則需要在獲得相關知識後才會產生研究興趣。這種基於個人興趣和經驗的初步分類方法，雖然看似簡單，卻是最自然也最有效的起點。

隨著研究的深入，我們會逐漸擴展視野，將注意力延伸到魚類、鳥類、昆蟲、植物甚至礦物等更廣泛的領域。這個過程中，我們會根據已有的知識，嘗試對這些自然物種進行初步的分類和整理。這種分類方法雖然可能不夠精確或全面，但它為後續更系統、更科學的研究奠定了基礎。

值得注意的是，這種從熟悉到陌生、從簡單到複雜的研究路徑，不

僅適用於生物學研究,也適用於對地球本身的認知。從地表的高山、幽谷、平原、海洋,到地下的金屬、礦物、砂石,我們逐步建立起對地球的整體認知。

這種漸進式的探索方法有其獨特的優勢。它允許研究者根據自身興趣和能力自由選擇研究對象,使得研究過程更加靈活和富有個人特色。同時,它也能確保研究始終與人類的實際需求和興趣保持密切連繫,避免陷入過於抽象或脫離現實的理論探討。

整體而言,從直觀到科學的自然探索過程,反映了人類認知能力的不斷提升。它提醒我們,在面對看似雜亂無章的自然現象時,應該保持開放和好奇的心態,透過不斷學習和探索,逐步揭示自然界的奧祕和規律。

■ 地球的脈動:從火山到海洋的壯麗交響

當我們仔細觀察火山噴發後的景象時,一個全新的世界在我們眼前展開。裂痕縱橫的岩石、突兀而生的島嶼、灰燼覆蓋的平原,以及被火

山灰填滿的洞穴，這些景象無一不在訴說著地球內部的激烈變化。透過這些現象，我們逐漸領悟到地球上所有景觀之間的緊密連繫。

回溯到地球的初期，我們彷彿看到一幅混沌的畫面：密度較大的物質壓在較輕的物質上，堅硬的被柔軟的包裹，乾溼冷熱、脆硬柔軟的物質相互糾纏，形成一個看似雜亂無章的世界。這景象宛如一座由無數垃圾堆積而成的廢墟，然而，正是在這看似荒蕪的「廢墟」之上，生命得以繁衍生息。人類、動物和植物世代相傳，在這片土地上生生不息。

儘管地球的內部依舊動盪不安，但其表面卻呈現出一種奇妙的和諧與秩序。大地為生命提供穩定而豐富的資源，海洋遵循著固定的範圍和運動規律，大氣流動有序，四季更替如常。這種寧靜和諧的景象處處充滿生機，不禁讓人為造物主的智慧和力量所折服。

當我們站在高處俯瞰地球，首先映入眼簾的是覆蓋著大部分表面的浩瀚海洋。這些水體看似靜止，卻蘊含著強大的力量，以潮汐的形式展現出週期性的運動。如果我們將視線轉向海底，會發現它如同陸地一般起伏不平，有山峰、谷底、深溝和各種奇特的岩石構造。

海洋中還存在著神祕的洋流，它們時而同向，時而相逆，卻似乎受到某種無形力量的約束，永不踰越既定的界限。在某些地方，洋流與風暴交會，掀起驚濤駭浪，甚至能喚醒沉睡的海底火山，使其噴發出混合著水、硫磺和瀝青的火熱氣浪，衝破海面直衝雲霄。

這壯麗的地球交響曲，從火山的轟鳴到海洋的低吟，無不彰顯著我們星球的生命力與神祕感。它提醒我們，在這看似平靜的表面下，蘊藏著無窮的能量與變化，而我們人類，不過是這宏大樂章中的一個小小音符。

在我們探索了海洋的神祕與極地的壯美之後，讓我們將目光轉向一

人類與大自然：一種難以理解的矛盾

個看似荒蕪卻蘊含無限生機的世界——沙漠。這片廣袤的土地，雖然表面上看起來死氣沉沉，實際上卻是大自然最驚人的奇蹟之一。

當我們踏入這片黃沙之地，首先映入眼簾的是一望無際的荒涼。炙熱的陽光無情地灼燒著大地，天空中看不到一絲雲彩，彷彿整個世界都被烘烤在一個巨大的烤爐中。腳下的沙礫發出細微的摩擦聲，每一步都像是在提醒我們這裡的生存有多麼艱難。

然而，就在這看似毫無生機的環境中，生命卻以最頑強的姿態存在著。仔細觀察，我們會發現一些奇特的植物在沙丘間若隱若現。這些植物經過長期進化，已經完全適應了沙漠的嚴酷環境。它們的根系深深扎入地下，尋找稀少的水分；葉子變得細小或退化成刺，以減少水分蒸發；有些甚至能在短暫的雨季迅速開花結果，完成生命的繁衍。

動物世界也同樣精彩。沙漠中的生物都有著獨特的生存技能。蜥蜴能夠透過皮膚吸收露水，駱駝可以長時間不飲水而生存，夜行性動物則選擇在涼爽的夜晚活動。這些生物的存在，無不彰顯著生命的韌性和適應能力。

對於偶爾經過這裡的旅行者來說，沙漠可能是一個危險和孤寂的地方。然而，對於那些真正了解沙漠的人來說，這裡是一個充滿奇蹟和驚喜的世界。每一個沙丘，每一塊岩石，都可能隱藏著生命的痕跡。在這片看似荒蕪的土地上，生命以最頑強的方式證明了自己的存在。

沙漠，這個被很多人認為是「死亡之地」的地方，實際上是生命力最強大的證明。它告訴我們，即使在最惡劣的環境中，生命依然能夠找到方式生存和繁衍。這或許就是大自然給予我們最寶貴的啟示：生命的力量是無窮的，只要有希望，就永遠不要放棄。

沙漠中的時間之旅：
探索自然史的挑戰與方法

在這片荒蕪的沙漠中，白晝的光線不僅無法帶來慰藉，反而更加突顯了這片土地的淒涼與絕望。旅行者在此地所感受到的不僅是物理上的孤立，更是心理上的孤獨與恐懼。這片荒漠彷彿成為了人類與自然之間的一道鴻溝，讓我們更加意識到自身的渺小與脆弱。

然而，正是在這樣的環境中，我們更能體會到研究自然史的重要性與挑戰。地球的演化過程漫長而複雜，要理解這段歷史，我們需要像考古學家一樣，耐心地挖掘和拼湊過去的碎片。我們需要收集各種證據，包括地下遺跡、文明變遷的資料，以及能夠幫助我們追溯大自然各個世紀的文物。只有透過這些努力，我們才能在時間的長河中找到確定的坐標，建立起理解自然史的里程碑。

時間的流逝和空間的距離是我們探索過去最大的障礙。沒有歷史記載的指引，我們就如同迷失在無邊無際的荒野中。即便有了這些記載，當我們試圖追溯幾個世紀前的歷史時，仍然會遇到諸多困難和誤解。而

人類與大自然：一種難以理解的矛盾

當我們進一步回溯到更遠的過去時，歷史的面貌就變得更加模糊不清。

更令人遺憾的是，人類有記載的歷史僅僅涵蓋了少數幾個民族的活動，而大部分人類的生活和經歷都淹沒在了時間的長河中。對於那些未被記錄的人們，我們幾乎一無所知。他們的存在就像是轉瞬即逝的幻影，沒有留下任何痕跡。

在這個過程中，我們不禁要反思：那些僅僅因為血腥或罪惡而被稱為「英雄」的人物，是否值得我們如此推崇？也許，讓他們像那些默默無聞的普通人一樣，永遠沉寂在歷史的洪流中，才是更好的結局。

在探討自然史時，我們不禁會驚嘆於其無限的廣度和深度。與人文史相比，自然史似乎沒有時空的束縛，它涵蓋了宇宙中的一切存在、時期和地點。乍看之下，大自然給人一種永恆不變的印象，彷彿它從誕生之初就保持著原有的狀態。然而，當我們仔細觀察時，卻會發現大自然其實一直在悄然變化。

大自然的表面看似穩定，但其組成部分卻在不斷演變。這種變化不僅展現在物質的層面，還包括新的化合物的形成和現有實體的轉變。因此，我們可以合理地推測，今天的大自然與其原始形態有著顯著的差異。這種隨時間推移而發生的變遷，我們稱之為「自然的世代」。

在這個持續變化的過程中，大地呈現出各種不同的面貌，甚至連天空也經歷了變遷。宇宙中的一切，包括物質和精神層面的事物，都處於不斷運動和演變之中。而大自然之所以呈現出當前的狀態，既是自身演化的結果，也與人類的干預密不可分。

人類學會了如何駕馭、節制和改變大自然，使之能夠滿足我們的需求和欲望。我們對大地進行了探索、耕耘和擴展，使得今天的地球面貌與技術發展之前有了天壤之別。那些被稱為「黃金時代」的遠古時期，實

際上是科學和真理的黑暗時代。當時的人類還處於半野蠻狀態，人口稀少且分散，尚未充分發掘自身潛力，也未意識到團結合作的重要性。

隨著人類文明的進步，我們逐漸意識到了群體力量的巨大作用，開始協同勞動，充分利用宇宙間的萬物。這種人與自然之間的互動，形成了一場持續不斷的共舞，推動著自然史的演進，也塑造著人類文明的發展軌跡。

大自然的時光隧道：探索地球的過去與現在

人類對大自然的認識，就像是一場穿越時空的冒險。我們站在當下，回望過去，試圖拼湊出地球悠久歷史的全貌。這是一項充滿挑戰的任務，因為我們所能觀察到的「往昔」，與地球真正的原始狀態相比，不過是滄海一粟。

想像一下，在遙遠的過去，魚兒遊弋於今日的平原之上，高聳入雲的山峰還只是海中一塊不起眼的礁石。從那個時代到現在，地球經歷了

人類與大自然：一種難以理解的矛盾

何等巨大的變遷啊！然而，這些變化大多發生在人類文明誕生之前，被時間的迷霧所遮蔽。我們對這段漫長歷史的了解，就如同在黑暗中摸索，只能憑藉零星的線索，去推測那些被掩埋或遺忘的事實。

人類對自然的認識是一個緩慢而艱辛的過程。經過近三十個世紀的觀察與累積，我們才開始真正理解大自然的現狀。即便如此，對於地球的全貌，我們的認識仍然是不完整的。地球內部的奧祕至今仍是一個謎，我們對它的了解多停留在理論層面。

在當代，科學家們致力於解開地球構成的謎題，試圖將當前的自然狀況與原始時期進行對比。這是一項艱巨的工作，因為我們必須跨越時間的鴻溝，用現在的知識去推測過去的真相。為了實現這一目標，我們需要整合所有可用的資源：關於大自然起源的知識、原始時期就存在的自然運動，以及與大自然演變相關的所有傳統。

透過這種方式，我們希望能夠建構一個完整的系統，使我們對自然有一個全面而清晰的認知。這不僅是對過去的探索，更是對未來的展望。只有真正理解了地球的過去，我們才能更好地預測和塑造它的未來。

■ 大地的創生：洪荒時代的水與火之舞

在那遙遠的洪荒時代，我們的星球正經歷著一場驚心動魄的變革。這是一個充滿暴力與美麗的時期，水與火在這片初生的土地上展開了一場曠日持久的博弈。讓我們一同回溯到那個令人屏息的年代，見證地球從混沌走向秩序的壯麗過程。

想像一下，當時的景象是多麼的壯觀而又可怖！高溫將水氣送上天

空，它們在那裡聚集、凝結，然後以滂沱雨水的形式傾瀉而下，落在那片滾燙、乾裂的大地上。這不僅僅是簡單的降雨，更像是一場不斷重複的宇宙蒸餾實驗。

空氣中瀰漫著各種揮發性物質，它們在高溫中分解、重組，有些化為煙霧遮蔽了初生的大氣層，有些則迅速冷卻，如隕石般墜落地面。這種奇特的「隕落」景象，想必令人驚嘆不已！

與此同時，狂風呼嘯，巨浪滔天。風暴與洪流交織成一幅動盪的畫面，它們以漩渦的姿態沖刷著仍在冒煙的地表。洪水一次次地湧起又退去，不斷地被地熱蒸餾，在月球引力的作用下翻騰不息。

這洶湧的水流帶來了巨大的破壞力。它們沖刷著地表，加深溝壑，摧毀脆弱的高地和山峰。那些不夠堅實的山脈，在這場大自然的洗禮中被徹底改變了形貌。

然而，洪水並非只在地表肆虐。當地表的水漸漸平息，一部分滲入地下，開闢出新的通道。這些地下水流不斷侵蝕著地底的洞穴，有些是地火留下的遺跡。終於，在水的持續衝擊下，這些洞穴紛紛坍塌，形成

人類與大自然：一種難以理解的矛盾

了新的深淵，也為地表洪水提供了下降的空間。

這場水與火、地表與地底的博弈，塑造了我們如今所見的地貌。透過這一過程，我們得以理解：地下洞穴的坍塌，正是洪水退去的直接且唯一的原因。這便是大自然的智慧，以其獨特的方式平衡著各種力量，最終孕育出了我們賴以生存的這個世界。

繼續深入探索那個遙遠的洪荒時代，一個充滿混沌與變化的世界。在這個時期，地球的各種元素正在經歷一場壯觀而激烈的交織與分離。

想像一下，當時的天空是如此不同。濃密的雲層籠罩著整個大氣，時而遮蔽陽光，時而被強烈的閃電撕裂。這些雲層不僅僅是水蒸氣，還摻雜著各種揮發性物質，形成一個複雜而不穩定的氣體混合物。隨著時間的推移，這些物質開始分離，有些凝結成雨滴落下，有些則繼續在高空中飄浮。

地表則呈現出一幅更為驚人的景象。大地仍然處於冷卻過程中，表面時而裂開，噴出滾燙的蒸汽和熔岩。這些裂縫很快又被傾盆而下的雨水填滿，形成一片片沸騰的湖泊。水和岩石的相互作用產生了各種奇特的化學反應，釋放出更多的氣體和蒸汽，進一步豐富了大氣的組成。

在這個混沌的世界中，洪水扮演著塑造地貌的重要角色。它們不僅僅是靜止的水體，而是充滿活力的力量。受到月球引力的影響，這些水體不斷起伏，像海洋一樣產生潮汐。巨大的水流衝擊著新生的大陸，塑造出峽谷和平原。

地下世界同樣經歷著劇烈的變化。水流滲入地下，與岩漿相遇，產生蒸汽和各種礦物質。這些相互作用導致地下洞穴的形成和坍塌，進一步改變了地表的地貌。

在這個充滿動態和變化的世界中，我們看到了地球早期形成的縮影。每一個元素，無論是水、火、土還是氣，都在這個巨大的熔爐中扮演著自己的角色，共同塑造著我們今天所看到的地球。這個過程雖然混沌，卻蘊含著無窮的創造力，為後來的生命出現奠定了基礎。

古老地球的巨大生命：從化石中窺探遠古奧祕

在我們探索地球歷史的過程中，高海拔地區發現的貝殼和其他海產品化石無疑是最引人入勝的謎題之一。這些古老的遺跡為我們揭示了一個截然不同的世界，一個充滿巨大生物和奇特物種的遙遠過去。透過對比高低海拔地區的化石，我們得以窺見自然史的演變軌跡。

特別引人注目的是，在這些化石中，我們發現了一些完全未知的物種。這些神祕的生物形態在當今的海洋中找不到任何相似的活體。若能系統地收集和分類這些高海拔地區的化石，我們或許能夠區分出哪些是古老類型，哪些屬於相對現代的物種。

人類與大自然：一種難以理解的矛盾

更令人驚嘆的是這些遠古生物的體型。我們發現的化石往往遠超現存同類物種的尺寸。例如，那些重達五六公斤的巨大臼牙化石，以及留下長達二三公尺、高約 0.3 公尺印記的鸚鵡螺，都證明了遠古時期存在著真正的「巨獸」。

這種現象的背後，是一個充滿活力的年輕地球。在那個時代，地球表面溫度遠高於現在，大自然以驚人的能量製造有機物質。這些有機物質能夠自由聚集、組合，最終形成巨大的生物體。這解釋了為什麼宇宙初期的地球上存在如此多的龐大生物。

同時，我們還發現，海洋生物和陸地植物可能同時出現。從煤礦和青石礦中發掘出的古生物遺跡表明，許多古代的魚類和植物已經滅絕，不復存在於現今世界。這些發現不僅展示了生命的多樣性，也揭示了地球環境的巨大變遷。當地球的溫度不再適合這些古老物種生存時，它們便逐漸消亡，為新的生命形式讓路。

■ 地球動盪：從熾熱到生機的歲月

在地球漫長的演化過程中，我們目睹了一個令人驚嘆的轉變。從最初的熾熱狀態到孕育生命的搖籃，地球經歷了一段波瀾壯闊的歷程。讓

我們繼續探索這段充滿戲劇性的地球史。

在火與水的交織中，地球逐漸塑造出了自己的面貌。當洪水退去，火山活動減弱，一個嶄新的世界正在醞釀。這個時期的地球景象雖然仍然充滿了暴力和混亂，但卻蘊含著無限的可能性。

想像一下，在那個時代，地球表面是一幅怎樣的畫面：低窪處是洶湧的急流與深不見底的漩渦；地下洞穴不斷坍塌，伴隨著時而爆發的海底火山；地震頻繁發生，大地不斷顫抖；氾濫的洪水與潰決的江河交織在一起，形成強大的洪流；熔化的玻璃質、瀝青和硫磺混合而成的激流摧毀著高山，再流向平原，汙染了水源。

天空中，太陽的光芒被厚重的雲層和火山灰塵所遮蔽，整個世界籠罩在一片朦朧的灰暗之中。這幅景象雖然狂暴而恐怖，但卻是生命誕生前的必經階段。我們應該慶幸造物主的安排，讓我們避開了這段動盪的歲月，因為這些景象發生在敏感而聰明的生物出現之前。

然而，正是這些看似可怕的自然力量，為後來生命的誕生鋪平了道路。它們重塑了地球的表面，創造了適合生命存在的環境。當這個階段結束時，地球已經準備好迎接新的篇章——生命的誕生與繁衍。

在回顧地球的這段歷史時，我們不禁對大自然的力量感到敬畏。它展示了一個星球如何從一片混沌逐步演變成為生命的搖籃。這個過程雖然漫長而艱辛，但卻孕育了我們所知的一切生命形式。透過理解這段歷史，我們不僅能更好地認識我們的星球，也能更深刻地理解生命的珍貴與脆弱。

在地球誕生的初期階段，我們的星球經歷了一段令人難以想像的狂暴時期。這段時期可以被稱為地球演化的狂暴序曲，為萬物的誕生鋪平了道路。讓我們一起回顧這段驚心動魄的洪荒歲月。

人類與大自然：一種難以理解的矛盾

地球的早期歷史可以大致分為三個階段。第一階段持續了約 3.5 萬年，地球處於一團熾熱的火焰之中，任何生命都無法在這樣的環境中存活。第二階段則是長達 1.5 萬到 2 萬年的大洪水時期，整個地球被汪洋大海所覆蓋。

在這個階段，地球表面經歷了一系列驚人的變化。最初，洪水主要來自南極，沖刷著各大洲的南端。隨後，在月球和太陽引力的共同作用下，海洋開始產生潮汐和自東向西的洋流。這種運動對地球表面產生了深遠的影響，塑造了我們今天所見的大陸輪廓。

當海平面開始下降時，地球進入了第三個階段。各大洲的最高點開始露出水面，就像是地球表面的「風眼」一樣。這些高點成為了新的火山噴發點，將地心深處沸騰的物質噴射而出。這一時期，水與火交織在一起，共同塑造著地球的面貌。

想像一下那個時候的地球景象：低窪地區被深水灘和漩渦所占據，地下洞穴不斷坍塌，火山頻繁爆發，地震此起彼伏。洪水、熔岩、瀝青和硫磺匯聚成可怕的激流，衝刷著高山，汙染著平原。天空中，太陽被厚重的雲層和火山灰塵所遮蔽，整個世界籠罩在一片混沌之中。

這樣的景象雖然令人畏懼，但卻是生命誕生的必經之路。正是這些狂暴的力量塑造了適合生命存在的環境，為後來的生物演化奠定了基礎。我們應該慶幸造物主的安排，讓我們避開了這段可怕的時期，同時也要感恩這段歷史，因為正是這樣的洪荒歲月，才孕育出了我們所熟知的美麗地球。

文明：從原始恐懼到人類文明的萌芽

文明：從原始恐懼到人類文明的萌芽

在地球最初的歲月裡，我們的祖先面臨著一個充滿危險和不確定性的世界。大地不斷震顫，洪水肆虐，火山噴發，野獸覓食。這些初民，還未擁有智慧的光芒，只能在大自然的威脅下苟且偷生。他們像秋風中的落葉，無助地飄搖，時刻面臨著生命的威脅。

然而，正是在這樣艱難的環境中，人類開始萌發出團結的意識。他們逐漸意識到，只有聚集在一起，才能抵禦自然的無情侵襲和猛獸的凶猛攻擊。這種原始的社會意識，成為了人類文明的第一顆種子。

在這個過程中，我們的祖先開始了最初的創造。他們將堅硬的石塊打磨成斧形，製作出最原始的工具。這些簡陋的石器，成為了人類征服自然的第一步。隨後，他們學會了利用火。無論是藉助火山的烈焰，還是發現石塊相擊產生的火花，火的使用大大提高了人類的生存能力。

隨著時間的推移，初民的創造力不斷提升。他們製造出了更多的工具：大錘、弓箭、漁網、木筏、小舟。這些發明不僅幫助他們更好地獵取食物，也為日後的遷徙和探索打下了基礎。

從最初的恐懼和無助，到逐漸掌握製造工具的能力，再到形成初步的社會組織，我們的祖先用他們的智慧和勇氣，在這片充滿挑戰的大地上，開啟了人類文明的曙光。每一次的創新，每一步的進步，都是人類在艱難環境中不屈不撓的見證，也是我們今天繁榮文明的根源。

人類社會的演進是一個漫長而複雜的過程，從最初的家庭單位到複雜的文明體系，每一步都蘊含著深刻的含義。在人類歷史的初期，小型的家庭或親屬群體構成了社會的基本單位。這種結構在資源豐富的地區可以長期維持，因為自然環境提供了充足的生存資源。

然而，隨著人口的成長和環境的變化，這種簡單的社會結構開始面臨挑戰。在一些地理位置相對封閉的區域，如被洪水或高山隔絕的地

方，人口壓力迫使人們開始劃分土地。這代表著私有財產概念的誕生，也是社會結構發生重大變革的開端。

隨著個人對土地的占有，人們開始產生了對群體的依戀之情。個人利益與集體利益逐漸融合，推動了秩序、規則和法律的形成。這些制度的建立使社會變得更加穩定，也為更複雜的社會結構奠定了基礎。

然而，初民的心理狀態並非僅僅由理性和秩序所主導。早期人類面對的艱難環境和自然災害在他們的集體記憶中留下了深刻的印記。洪水、大火等災難性事件成為他們共同的恐懼泉源。這種恐懼感不僅影響了他們對自然環境的認知，還塑造了他們的信仰體系。

面對無法解釋的自然現象，初民創造了各種神話和信仰。他們將自然力量人格化，想像出各種神祇，其中不乏凶殘可怕的形象。這些信仰成為了迷信和畏懼的根源，深深地影響了早期人類的精神世界。

即使在社會逐漸發展、知識不斷累積的情況下，這種根植於恐懼的情感仍然在人們的心中揮之不去。儘管人類對自然現象的理解日益深入，但那些源於原始恐懼的情感和記憶仍然在人類心靈中占據著重要位置，成為人類文明發展過程中不可忽視的心理因素。

■ 初民社會：大自然威力與文明演變

在人類文明的黎明時期，初民社會的形態與發展軌跡深深地受到自然環境的影響。最初的社會結構往往由幾個家庭或親屬組成，這種簡單的組織形式使得社會發展陷入停滯。在資源豐富的地區，這種生活方式可以持續很長時間，因為大自然提供了足夠的獵物、魚類和果實來維持生存。

文明：從原始恐懼到人類文明的萌芽

　　然而，隨著人口的成長和環境的變化，特別是在被洪水或高山隔絕的地區，人們不得不開始瓜分土地。這代表著私有財產觀念的萌芽，也促進了個人與群體之間更緊密的連繫。人們透過勞動獲得自己的財產，這種占有行為激發了對群體的依戀之情。隨著時間的推移，個人利益逐漸融入民族利益，社會秩序、規則和法律應運而生，社會結構日益穩定。

　　但是，初民社會的發展並非一帆風順。早期惡劣的生存環境和各種自然災害在初民心中留下了深刻的烙印。他們對洪水和大火等災難保持著持久的恐懼，這些經歷成為他們集體記憶中不可磨滅的一部分。面對大自然的力量，初民產生了複雜的情感：他們對庇護他們的山峰心存感激，卻又因為火山噴發而恐懼；他們目睹大地與天空的抗爭，由此創造出豐富的神話。

　　這些經歷塑造了初民的世界觀，他們相信存在著凶殘的神祇，這成為了迷信和畏懼的根源。即使經過漫長的時間，即使累積了豐富的經驗，即使經歷了暴風雨後的寧靜，初民心中的恐懼仍然難以完全消除。這種根深蒂固的情感影響了早期人類社會的發展方向，也為後來的文明

演進奠定了基礎。

在浩瀚的宇宙中，地球如同一顆璀璨的明珠，而人類則是這顆明珠上最為奇特的生命。我們的故事始於三千年前，當時人類開始將自身的力量與大自然的力量巧妙地結合在一起。這是一段充滿智慧、勇氣和創造力的旅程，也是人類文明演進的輝煌篇章。

在這段時間裡，人類逐漸揭開了大自然的神祕面紗，發掘出地球深處的寶藏。我們的祖先以智慧和勞動為武器，馴服了野獸，征服了險灘激流，開墾了荒蕪之地。他們仰望星空，測量時間與空間，描繪天體執行的軌跡，將浩瀚宇宙的奧祕一一揭示。

人類的力量雖源於自然，卻往往以更為奇妙的方式展現。我們建造橋梁跨越江河，開鑿隧道穿越高山，發明船舶航行海洋，用科技的力量縮短了世界的距離。新的大陸被發現，人類的足跡遍布全球。今天的大自然，處處都留下了人類智慧和勤勞的印記。

然而，並非所有人類群體都在這場偉大的變革中扮演了積極的角色。一些處於半野生狀態的種族，因為愚昧或懶惰，未能為改造自然貢獻力量。他們的存在某種程度上成為了大自然的負擔，只會破壞而不懂得建設，只會消耗而不會創造。

回顧人類的歷史，我們不得不承認，戰爭和衝突占據了太多篇幅。然而，正是在和平時期，人類文明才能真正蓬勃發展。我們應當珍惜來之不易的和平，繼續在與大自然的共舞中譜寫人類文明的新篇章。

■ 文明代價：人類何時能達至真正的和平？

大自然用了六萬年的時間，才使地球表面達到適合生物生存的穩定狀態。然而，人類要達到和平共處的境界，似乎還需要更長的時間。我們不禁要問：人類何時才能領悟到，真正的幸福在於和平安寧的生活？

人類的欲望似乎永無止境。縱觀歷史，我們可以看到無數國家為了擴張領土而不惜一切代價。西班牙帝國就是一個典型的例子。他們在美洲的殖民地面積是法國的 10 倍，但這真的能代表西班牙的國力比法國強大 10 倍嗎？恐怕未必。

我們應該反思，究竟是開發遠方殖民地更能讓一個國家富強，還是專注於開發本國資源更為明智？就連一向以紳士風度和深謀遠慮著稱的英國，也在海外大肆開闢殖民地。這種做法是否真的明智，值得我們深思。

古人對殖民活動的看法似乎更為理性。他們只有在人口超過土地負荷能力，或者土地和商業供不應求時，才會考慮殖民。這種做法是基於實際需求，而非單純的擴張欲望。

文明代價：人類何時能達至真正的和平？

即便是被後世視為野蠻的民族遷徙，也往往是出於生存需求。例如，蠻族南侵的原因，相當程度上是因為他們原本生活在氣候寒冷、土地貧瘠的地區，而南方的肥沃土地能為他們提供更好的生存條件。雖然這些遷徙往往伴隨著血腥和殺戮，但我們不能忽視其背後的生存壓力。

人類文明的發展過程中，我們付出了巨大的代價。我們不得不問自己：何時我們才能學會控制欲望，放棄那些弊大於利的擴張行為？何時我們才能真正理解，和平安寧的生活才是最寶貴的？這些問題的答案，或許就是人類文明能否持續發展的關鍵。

人類文明的發展中，我們不僅見證了無數血腥事件，也經歷了巨大的自然改造。這些改變不僅影響了我們的生存環境，更塑造了我們對世界的認知。讓我們暫且放下那些由愚昧引發的悲劇，轉而關注人類如何影響並改變了我們所居住的這個星球。

我們曾經討論過「地球冷卻說」，這個理論提出地球正在緩慢但持續地降溫。然而，人類的活動卻在某種程度上逆轉了這一趨勢。讓我們以巴黎和魁北克為例，儘管兩地緯度相近，但氣候卻大不相同。這種差異相當程度上源於人類活動的影響：法國的人口密度遠高於加拿大，森林被大量開墾為農田和城市。這些改變實際上提高了當地的溫度，使巴黎比同緯度的魁北克更為溫暖。

有人可能會質疑，指出一些似乎與「地球冷卻說」相矛盾的現象。比如，某些原本生活在法國和德國的動物向北遷徙，或者塞納河不再在冬季結冰。但我們不應忽視人類活動對這些變化的巨大影響。如果這些地區仍然保持著原始狀態，沒有經過人類的開發和改造，情況可能會大不相同。

我們必須意識到，地球內部熱量的減退是一個極其緩慢的過程，以

至於在人類的時間尺度上幾乎難以察覺。相比之下，人類活動對區域性氣候的影響要顯著得多。我們改變了地表，疏通了河流，建造了城市，這些都對當地氣候產生了深遠的影響。

因此，我們不應該將注意力局限於地球整體的緩慢變化，而應該更多地關注人類活動對區域性環境的即時影響。我們有能力在相對短的時間內改變一個地區的氣候，這種能力既是機遇也是挑戰。它提醒我們，我們對這個星球負有責任，我們的每一個行動都可能對環境產生深遠的影響。

作為地球的管理者，我們需要明智地運用這種力量，在追求發展的同時，也要考慮到我們行為的長遠後果。只有這樣，我們才能在這個不斷變化的世界中找到平衡，為我們自己和後代創造一個更美好的生存環境。

■ 溫度：人類、動物和植物

在這個生機勃勃的世界中，溫度扮演著一個無形卻舉足輕重的角色。它如同一位精密的編舞家，指揮著地球上所有生物的舞步。讓我們

深入探討這場由人類、動物和植物共同演繹的溫度之舞。

想像一下,每一個生物都是一個小小的熱源或冷源。人類和動物是天然的暖爐,不斷向外散發熱量;而植物則像是大自然的空調,默默地釋放著清涼。在這場溫度的平衡遊戲中,一個地區的冷暖取決於這些生物的比例。

讓我們把目光投向巴黎,這座充滿魅力的城市。在寒冷的季節裡,聖豪諾勒郊區和聖馬索郊區上演著一場微妙的溫度較量。後者因人口稠密,煙囪冒出的熱氣被北風攜帶,使得這裡的溫度比前者高出兩三度。這小小的溫差,折射出人類活動對區域性氣候的顯著影響。

森林,這個地球的綠色肺葉,在溫度調節中扮演著關鍵角色。活躍的樹木宛如一個個小型的氣象站,吸收太陽的熱力,釋放溼氣,進而形成雲朵,最後化作雨滴灑落大地。樹木的生命週期也與溫度息息相關:自然老死的樹木緩慢腐朽,而被人類砍伐用作燃料的樹木則會使區域溫度上升。

人類作為地球的主導者,已然掌握了調節溫度的藝術。我們可以透過控制總因,即影響溫度的諸多因素,來塑造有利於我們生存和發展的環境。這種能力使我們能夠消除不利因素,培育有益事物,甚至馴養和繁殖對我們有用的動物。

在人類文明中,我們與禽獸之間形成了一種奇妙的共生關係。這種關係不僅改變了禽獸的命運,更塑造了人類社會的發展軌跡。讓我們一同探索這段引人入勝的歷程。

雞和豬無疑是人類馴養的佼佼者。它們強大的適應力和旺盛的繁殖力,使它們成為人類最忠實的夥伴,伴隨我們跨越山海,甚至到達人跡罕至的島嶼。在南美洲這片與世隔絕的土地上,我們驚喜地發現了圭亞

文明：從原始恐懼到人類文明的萌芽

那豬和野生雞的身影。儘管它們的體型和外觀與歐洲品種略有不同，但仍保留著可被馴化的本質。

然而，南美洲的原住民並未意識到這些動物的潛力。他們缺乏群居的概念，也不懂得如何馴養和培育這些禽獸。這一現象突顯了一個重要的事實：懂得控制禽獸是人類文明發展中的一個重要里程碑。它代表著人類智慧的覺醒，也是我們開始主宰自然的轉捩點。

透過馴養禽獸，人類獲得了改造自然的強大力量。我們將荒蕪變成良田，野生植物變成有用木材。在這個過程中，人類不僅增加了自身的活動範圍和生存機會，還學會了如何更好地利用自然資源。我們培育動物，種植作物，形成了一個相互依存、共同繁榮的生態系統。

這種共生關係帶來了驚人的變化。曾經只能容納數百人的地方，如今可以供數百萬人共同生活。那些曾經幾乎沒有動物的地區，現在已經成為萬千禽獸的樂園。人類的努力不僅豐富了大自然，也促進了自身的發展和繁衍。

在這個奇妙的過程中，我們看到了人類智慧的光芒，也見證了生命力的頑強。這段歷史告訴我們，與自然和諧共處，善用智慧，方能創造更美好的未來。

■ 農作物：人類智慧與自然的共舞

人類與自然的關係一直是一個引人入勝的話題。當我們回顧歷史，我們不禁對人類的智慧和毅力感到敬畏。我們今天所享用的穀物和蔬果，並非大自然原本的模樣，而是經過人類長期努力和智慧改良的結果。這種改良不僅展現了人類的創造力，也展示了我們與自然和諧共存的能力。

農作物：人類智慧與自然的共舞

　　讓我們以小麥為例。在大自然中，我們找不到野生的小麥，這種穀物是人類智慧的結晶。我們的祖先必定經過了無數次的嘗試和失敗，才從千萬種草中辨識出了小麥的潛力。他們細心觀察，不斷實驗，最終掌握了小麥的種植技巧。小麥的特性，如抗寒能力強、果實易於儲存等，都證明了它是人類最偉大的發現之一。

　　這種改良並不僅限於遠古時代。即使在近現代，我們仍然能看到植物在人類努力下的巨大變化。我們可以將150年前的蔬菜、瓜果和花卉與現在的進行比較，差異之大令人驚嘆。以法國皇家花園的彩色大花譜為例，我們可以清楚地看到花卉的演變過程。那些在幾百年前被認為最美麗的花卉，如今在專業人士眼中可能已經顯得平庸無奇。

　　蔬菜和水果的進化同樣引人注目。從古代僅有的幾種菊苣和萵苣，到如今琳瑯滿目的50多種可食用品種，我們看到了人類在農業領域的不懈努力。水果也是如此，現代水果無論在外觀還是口感上，都遠遠超越了古代的野生品種。

　　這種進化不僅僅是外表的改變，更是品質的提升。古希臘作家筆下的花卉和果實，與現代的相比簡直是天壤之別。從單層花瓣到繁複華

文明：從原始恐懼到人類文明的萌芽

麗，從酸澀乾枯到多汁甜美，每一步進化都凝聚著人類的智慧和汗水。

在大自然的舞臺上，人類扮演著獨特而重要的角色。我們不僅是自然的觀察者，更是積極的參與者和創造者。這種角色在植物和動物品種的培育過程中表現得尤為明顯。透過耐心、智慧和創新，我們逐漸掌握了改良自然的技巧，創造出更適合人類需求的品種。

以果樹為例，從野樹到優良品種的演變過程，展現了人類智慧的閃光點。起初，我們如同尋寶者，在茫茫林海中搜尋甜美果實的蹤跡。這個階段需要極大的耐心和毅力，因為優良的個體往往如同大海中的針，稀少而難尋。即便找到了，我們還面臨著另一個挑戰：如何將這種優良品質固定下來，讓它代代相傳？

這就是所謂「天才的力量」發揮作用的時刻。接木法的發明，代表著人類在植物培育領域的一次重大突破。透過這種方法，我們可以將優質樹木的特性儲存下來，並大規模推廣。這種技術的精妙之處在於，它巧妙地繞過了生殖過程中可能出現的基因重組，直接複製了我們想要的特性。

有趣的是，在動物界，我們的影響力似乎更大。許多動物的特性可以透過繁殖穩定地傳遞下去，這為品種改良提供了更多可能性。現代家禽的多樣性就是一個很好的例證，展示了人類在這個領域的創造力。

然而，我們不應該忘記，這種力量是建立在對自然深入理解的基礎之上的。我們越是了解自然，就越能發現更多利用和改良的方法。這不僅是一個不斷學習和探索的過程，更是一個與自然對話、共舞的過程。在這個過程中，我們既是學生，又是創造者，不斷挖掘自然的潛力，同時也在探索人類智慧的極限。

■ 人類進步悖論：從恐懼到啟蒙的艱難旅程

　　人類的潛能似乎是無窮無盡的。只要我們的意志能夠始終受到智慧的指引，就沒有什麼是我們無法完成的。無論是在精神層面還是物質層面，只要我們不斷改善自身的天性，就能將我們的能力發展到令人驚嘆的高度。然而，現實世界中，沒有一個國家能夠宣稱自己已經達到了完美的境界。

　　政治的終極目標應該是什麼？筆者認為，它應該透過和平、富裕和福利來保障人民的生存，珍惜人民的勞動成果，讓所有人都能生活在一個不是絕對平等，但也絕非極度不平等的社會中。然而，我們不禁要問：當今世界上，哪個國家真正實現了這一理想？

　　更令人深思的是，那些旨在保障人類生存和健康的醫療技術，以及維持基本生活所需的科技，是否得到了與軍事科技同等的重視和發展？歷史告訴我們，人類似乎總是在行善方面考慮不足，而在作惡方面卻過分深思熟慮。這種現象的根源可能在於，在所有能夠影響群眾的情感

中，恐懼往往最為強烈和持久。

這種心理傾向也反映在我們的文化偏好上。醜陋和震撼性的藝術往往首先吸引人們的目光，其次才是能引發歡笑的作品。只有經過長期的虛幻榮耀和無聊笑料的洗禮後，人們才逐漸意識到科學才是真正的光榮，和平才是真正的幸福。

在這樣的背景下，像布豐這樣的科學家的貢獻就顯得尤為重要。他堅持研究宇宙和物種的起源，提出了生物可變性的觀點，以及環境對物種變異的影響理論。這些思想為後來的進化論奠定了基礎，也為人類認識自身和自然開闢了新的視角。

人類的潛能似乎無窮無盡，只要我們的意志受到智慧的指引，就沒有什麼是不可能完成的。無論在精神層面還是肉體方面，只要我們不斷改善自身的自然品質，就能將我們的能力發展到難以想像的高度。然而，放眼全球，我們卻找不到一個可以宣稱已經達到完美境界的國家。

政治的終極目標應該是什麼？筆者認為，它應該致力於透過和平、富裕和福利來保障人民的生存，珍惜人民的勞動成果，讓所有公民生活在一個雖不完全平等，但也不至於極度不平等的社會中。然而，我們不禁要問：當今世界上，有哪個國家真正實現了這一理想？

更令人深思的是，我們在保障人類生存和健康的醫療領域，以及維持基本生活所需的科技方面的進步，是否能與軍事科技的發展相提並論？回顧歷史，人類似乎總是在行善方面思考不足，卻在作惡方面過分深究。這種現象的根源可能在於，在所有能夠影響群眾的情感中，恐懼的力量最為強大。

正因如此，那些能夠引起震撼的醜陋藝術往往最先吸引人們的注意，其次才是那些能夠引發歡笑的作品。但隨著時間的推移，人們逐漸

厭倦了這種虛幻的榮耀和膚淺的娛樂，開始意識到科學才是真正的光榮，和平才是真正的幸福。

在這方面，布豐的貢獻值得我們關注。他致力於研究宇宙和物種的起源，堅持物種可變性的觀點，提出了生物轉變論和環境影響論。他指出，物種會因環境、氣候和營養等因素而發生變異。這些理論為後來的進化論奠定了基礎，使得達爾文稱讚他為「以科學眼光看待這一問題的第一人」。

布豐提醒我們，真正的進步來自於對自然世界的深入理解和和平共處的努力，而不是透過恐懼和破壞來獲得短暫的優勢。讓我們以此為鑑，努力創造一個更加和平、科學和進步的世界。

■ 人類遷徙與膚色變遷：本性與外表的奧祕

人類的遷徙歷程如同一幅絢麗的畫卷，描繪著我們這個物種在地球上的壯闊足跡。隨著人類不斷遷移，我們的本性也悄然發生著微妙的變化。這種變化似乎與遷徙距離成正比，越是遠離起源地，變化就越發明

文明：從原始恐懼到人類文明的萌芽

顯。然而，我們不應忘記，無論外表如何不同，人類本質上都源自同一個大家庭。

讓我們將目光投向那些看似截然不同的人種：非洲的黑人、北歐的薩米人，以及歐洲的白人。乍看之下，他們的膚色和生活習慣差異巨大，但細細品味，我們會發現他們都在為人類文明的進步貢獻著自己的力量。這種和諧共處的現象，無疑印證了我們共同的起源。

膚色的變化，究其本質，不過是環境適應的結果。我們不妨設想一個有趣的實驗：將塞內加爾的黑人遷居到丹麥。在這個以白皮膚、藍眼睛和金髮為主的國度，黑人的特徵會更加突出。這種對比不僅能幫助我們更容易理解膚色的差異，還能引發我們對人類適應能力的深入思考。

人類的適應能力確實令人驚嘆。僅僅250年前，被販賣到美洲的黑人，其膚色就已經開始發生微妙的變化。同樣，長期生活在南美洲炎熱氣候下的原住民，皮膚也逐漸變成了褐色。這些現象都在向我們揭示著一個重要的事實：膚色的變化只是表面現象，人類的本質並未改變。

要真正理解人類膚色變化的奧祕，我們或許需要進行更加深入的研究。比如，將一群純種黑人安置在一個與外界隔絕的環境中，觀察他們的後代在幾代人之後會發生怎樣的變化。這種研究雖然在倫理上存在爭議，但卻能為我們揭示人類適應環境的能力和速度。

■ 家畜：環境與人為影響的力量

在探討家畜的演化與適應時，我們不得不驚嘆於大自然的神奇力量，以及人類對動物馴化的深遠影響。讓我們以牛和狗為例，進一步深入探討環境因素和人為干預如何塑造了這些動物的特徵。

家畜：環境與人為影響的力量

　　牛作為草食動物，其體型和外貌受到食物供給的顯著影響。在肥沃的牧場上，牛隻往往體格健碩，有如「牛象」般巍峨。瑞士和薩瓦省的山間牧場就孕育出了體型是法國牛兩倍大的壯碩牛隻。這一現象突顯了充足營養對牛的重要性，同時也提醒我們應當重視草場資源的合理利用。

　　除了食物，氣候也在塑造牛的外形上扮演著重要角色。在寒冷地區，牛會長出如羊毛般的細長毛髮，肩部還會形成厚實的脂肪層。有趣的是，除歐洲外，亞洲、非洲和美洲的牛都曾出現類似駱駝的「駝峰」。這種變異反映了牛類對環境的適應能力，同時也揭示了牛類的演化歷程。

　　相較於草食動物，肉食動物如狗則更多地受到氣候的影響。在炎熱的熱帶地區，狗往往毛髮稀疏；而在寒冷地帶，狗會長出濃密的皮毛。西班牙的狗毛如毯，敘利亞的狗毛似綢，這些差異都是氣候影響的生動展現。

　　然而，狗的變異不僅僅來自自然因素，人為干預也發揮著重要作用。人類對狗的圈養、飼養環境的選擇，甚至是對其外形的人為改造，

299

都會對狗的演化產生深遠影響。例如，人為剪短狗的耳朵和尾巴，這些特徵可能會遺傳給後代，最終形成新的品種特徵。

整體而言，家畜的適應性展現了生物與環境之間的複雜互動，以及人類干涉對動物演化的深遠影響。這些觀察不僅對動物學研究具有重要意義，也為我們思考人與自然的關係提供了新的視角。

■ 馴化對狗的影響：從耳朵到叫聲的演變

在研究狗的行為特徵時，我們發現了一些有趣的現象。首先，關於狗耳朵的姿態，並非所有品種都會垂下耳朵來表示馴服。在 30 多個不同品種組合中，有兩三種狗保持著最原始的豎立耳朵姿態，如北方的牧羊犬和狼狗。這個發現讓我們對狗的馴化過程有了更深入的了解。

其次，狗的叫聲也經歷了顯著的變化。現代的狗變得更加喜歡對人吠叫，充分發揮了舌頭的功能。然而，在原始狀態下，狗幾乎是啞巴，只有在特殊情況下才會叫。這種變化很可能是狗在與人類長期相處過程中逐漸學會的。有趣的是，如果將狗放置在氣候特殊、只有土著人居住

的地方，如薩米人或黑人生活的地區，它們可能會逐漸失去吠叫能力，回歸到原始狀態。

在所有品種中，牧羊犬是保持最多原始特徵的狗。它們不僅耳朵保持豎立，而且通常非常沉默。這可能是因為牧羊犬長期在原野上獨自生活，主要與羊群和少數牧人打交道。牧羊人的沉默性格也影響了牧羊犬的行為模式。雖然牧羊犬有時表現得聰明活躍，但大多數時候都像牧羊人一樣安靜。

值得注意的是，牧羊犬是所有狗中最能展現自然特性、受到最少馴化但服從性卻很高的品種。它們是守護畜禽的好幫手。因此，我們應該考慮擴大這類品種的數量，而不是一味增加寵物狗的數量。在許多城市，寵物狗的數量已經達到驚人的程度，它們消耗的食物資源甚至足以養活許多貧困家庭。

在自然界中，物種的演化與繁衍一直是令人著迷的課題。我們觀察到，不同動物之間存在著錯綜複雜的關係，而騾子的存在更是為這個議題增添了幾分神祕色彩。讓我們深入探討騾子這一特殊物種，以及它在物種演化中所扮演的角色。

生育奧祕：騾子、驢和馬的繁衍困境

在探索動物世界的繁衍奧祕時，我們不得不關注一個特殊的群體——騾子、驢和馬。這些動物的繁衍能力一直是科學界和養殖業的熱點話題。許多人認為騾子完全喪失了生殖能力，但事實並非如此。研究顯示，只有少數騾子在生殖力方面有所欠缺，大多數騾子擁有完整的生殖器官。

然而，馬和驢的雜交確實是一種特殊情況。與其他能夠繁衍後代的雜交動物不同，騾子的繁殖成功率極低。這並不意味著它們缺乏交配的生理條件。事實上，公騾的精液產量豐富，而且對異性有強烈的反應。

　　造成這一現象的原因複雜多樣。首先，過於強烈的性慾可能導致不孕，特別是對於雌性動物而言。母騾和母驢的性慾過強，這可能是它們難以受孕的原因之一。其次，環境因素也扮演著重要角色。驢原本生活在炎熱地區，當它們被帶到寒冷地區時，其生殖能力會受到影響。這就是為什麼人們通常選擇在夏季讓驢交配的原因。

　　此外，交配的時機和頻率也是關鍵因素。母驢在生育後立即進行交配可能會降低受孕的成功率，因為它們需要時間恢復體力和生殖器官的功能。相反，當母驢體力充沛、精力旺盛時，受孕的可能性最高。

　　對於雄性驢而言，過度交配可能導致精疲力竭，甚至影響壽命。有些雄性驢因頻繁交配而難以再次興奮，有些則可能因過度消耗而死亡。這也解釋了為什麼雌性驢的壽命通常比雄性驢長，且身體更為健壯。

整體而言，騾子、驢和馬的繁衍問題涉及多個方面，包括生理特性、環境因素、交配習慣等。只有充分理解這些因素，我們才能更好地管理這些動物的繁殖過程，提高它們的繁殖成功率。

首先，我們需要明白，騾子是馬和驢雜交的產物。在動物界中，大多數物種都能形成旁系的單獨種和屬，但像大象、犀牛這樣的動物卻只會直系繁殖。馬、斑馬和驢雖然屬於同一科，但它們之間的差異使得它們成為了不同的物種。然而，它們之間仍然存在著緊密的連繫，這展現在它們能夠相互交配。

騾子的存在引發了許多有趣的問題。我們普遍認為騾子是不育的，但這種觀點可能需要重新審視。騾子的不育可能並非由於嚴重的生理損害，而是受到一些外在因素的影響。值得注意的是，騾子的繁殖能力可能與氣候有關，在溫暖的地區，它們可能具有一定的生育能力。

為了進一步了解騾子的繁殖情況，我們需要進行一系列的實驗。這些實驗包括讓不同類型的騾子與馬、驢進行交配，觀察其結果。雖然這些實驗在技術上並不困難，但迄今為止，人們似乎還沒有系統地進行過這樣的研究。

根據現有的知識，我們可以大膽推測，某些特定組合的交配可能會成功，而其他組合則可能會失敗。例如，公馬騾和母馬的交配可能比公驢騾和母驢的交配更容易成功。這些假設需要透過實驗來驗證，而這些實驗最好在氣候溫暖的地區進行，如法國的普羅旺斯東部。

透過深入研究騾子的繁殖問題，我們不僅可以加深對這一特殊物種的了解，還能對整個物種演化過程有更深刻的認知。這將有助於我們更容易理解自然界中物種之間的關係，以及生物多樣性的形成機制。

蜜蜂王國：
自然界的完美範本與人類讚美的反思

在探索自然界的奧祕時，蜜蜂王國無疑是一個引人入勝的主題。這個微型社會展現出令人驚嘆的組織能力和效率，常常被比作一個運作完美的王國。然而，我們對蜜蜂的讚美是否過度？這個問題值得我們深思。

蜜蜂社會的確表現出許多令人欽佩的特質。它們的勞動分工井然有序，每一隻蜜蜂都恪盡職守，為集體利益無私奉獻。蜂巢的建築堪稱自然界的奇蹟，其幾何學精確度足以讓人類工程師自愧不如。蜜蜂之間的和諧互動、對女王蜂的忠誠，以及它們對工作的熱情，都是人類社會可以借鑑的榜樣。

然而，我們是否過分美化了這個昆蟲王國？事實上，蜜蜂的行為主要由本能驅動，而非源於理性思考或道德抉擇。它們的建築技巧，雖然令人讚嘆，但實際上是經過數百萬年進化而來的本能行為。我們對蜜蜂

的讚美，似乎已經超過了對其他物種的肯定之和，這種失衡值得我們反思。

為什麼人類會如此推崇蜜蜂？也許是因為我們在這個微型社會中看到了理想人類社會的影子：高效、和諧、無私。然而，我們不應忘記，蜜蜂王國與人類社會有本質區別。對於理性的觀察者而言，蜜蜂終究只是為我們提供蜂蜜和蜂蠟的昆蟲，而非道德楷模。

因此，我們在欣賞蜜蜂社會的同時，也應保持客觀理性的態度。蜜蜂的確值得我們學習，但我們不應將其神化。讓我們以適度的敬意看待這個奇妙的昆蟲王國，既欣賞其完美，又意識到它在自然界中的真實位置。這樣，我們才能從蜜蜂身上汲取真正有價值的啟示，而不是陷入過度讚美的失誤。

自然界中的昆蟲，尤其是蜜蜂等群居飛蟲，長期以來一直是人類觀察和研究的對象。然而，我們是否過度美化了它們的能力和行為？是時候撥開迷霧，以更理性的視角審視這些微小生命了。

作為一個客觀的觀察者，我並不反對對昆蟲世界進行深入研究。事實上，一位認真的博物學家花時間仔細觀察蜂群的活動、工作過程，並準確記錄它們的生育、繁殖和變化，這是值得肯定的。問題在於，某些觀察者過度解讀了這些行為，甚至將人類的思維方式和道德概念強加於這些小生物身上。

讓我們換個角度思考：蜜蜂確實是飛蟲中群體最大、最有組織的代表。但這是否意味著它們擁有高度的智慧和才能？恐怕並非如此。更有可能的是，這些看似複雜的行為模式，不過是大量個體聚集後的機械性結果。當數以萬計的個體聚在一起時，即便每個個體的能力極其有限，也能產生令人驚嘆的集體效應。

文明：從原始恐懼到人類文明的萌芽

我們不應該將人類的思維模式投射到昆蟲身上。與其想像它們擁有複雜的倫理觀或神學概念，不如承認一個簡單的事實：這些行為模式很可能只是為了生存而進行的本能反應。當大量個體聚集在一起時，為了避免相互傷害和提高生存機會，它們自然而然地發展出了某種程度的合作方式。

觀察家們常常將自己的主觀想像強加於這些昆蟲身上，為它們的每一個動作賦予深意，甚至將其描繪成一個有組織、有紀律的「共和國」。然而，這種解讀可能過於浪漫化了。事實上，這些昆蟲可能既沒有我們想像的那麼聰明，也沒有那麼富有感情。它們的行為更多是出於本能和環境壓力，而非某種高尚的集體意識。

因此，在研究昆蟲世界時，我們需要保持清醒和理性。應該將注意力集中在客觀事實上，而不是陷入過度詮釋的陷阱。只有這樣，我們才能真正理解這些微小生命的本質，欣賞大自然的奇妙，同時也意識到人類思維的局限性。

■ 理性：超越動物本能的進化

大自然確實是一個令人驚嘆的奇蹟，但我們人類卻常常將其過度神化，反而貶低了它的真實價值。我們不應該將上帝塑造成一個管理昆蟲王國的統治者，而應該意識到自然界中存在著更加複雜和智慧的集體行為。

讓我們來看看動物世界中的一些例子。大象、海狸和猴子等動物展現出了超越簡單生理需求的集體智慧。它們能夠相互尋找、聚集，並進行一致性的活動。在危險來臨時，它們會相互提醒和救援。這些行為看似神奇，但本質上仍然是基於生存需求的本能反應。

理性：超越動物本能的進化

　　然而，人類社會的形成和發展遠遠超越了這種簡單的動物本能。我們最先意識到的是自己的力量、弱點和無知。當我們發現無法獨立滿足所有需求時，我們學會了放棄一些個人願望，以換取支配他人意願的權利。這種思考和權衡的能力，正是造物主賦予我們的智慧。

　　人類最大的優勢在於我們能夠進行深層次的思考，分辨善惡，並將這些認知牢記在心。我們意識到孤獨是一種充滿衝突和危險的狀態，因此我們追求和平與安全。我們學會了將個人的智慧和力量與他人結合，從而創造出更加強大的集體力量。

　　這種結合意識是人類與動物的最大區別，也是我們智慧和聰明最有效、最理性的運用方式。我們可能會因為個人力量的不足而感到憂慮，但正是因為我們能夠自我控制，克制慾望，遵守法律，我們才能夠統治這個世界。

　　一個真正意義上的人，就是懂得與他人團結合作的人。這種合作不僅僅是為了生存，更是為了創造一個更美好的世界。透過智慧的結合，我們能夠超越個體的局限，實現集體的進步和發展。這正是人類社會的

文明：從原始恐懼到人類文明的萌芽

精髓所在，也是我們能夠在地球上繁衍生息並不斷進步的關鍵所在。

人類社會的形成和發展，無疑是一個漫長而複雜的過程。布豐在《自然通史》中以家庭為切入點，深入探討了人類社會化的基礎。他指出，與動物社會不同，人類社會的根本在於理性的運用和發展。

以家庭這個最基本的社會單位為例，布豐描繪了一幅生動的圖景：初生的嬰兒完全依賴父母的照顧，隨著年齡增長，這種依賴關係逐漸轉變。當孩子長大成人，能夠獨立生存時，父母的過度照顧反而會顯得不合理。而只有透過理智的發展，孩子才能真正理解並回報父母的愛。這一過程生動地展現了人類社會中理性的重要性。

布豐進一步將人類社會與動物社會進行對比。他指出，動物社會往往基於本能和感覺經驗而形成，如蜂群的聚集。這種聚集遵循著自然界既定的法則，而非源於理性思考。為了更形象地說明這一點，布豐設想了一個有趣的實驗：將一萬個相同的木偶放在一起，賦予它們最基本的感知能力。在這種情況下，木偶們的行為雖然會呈現出某種規律和秩序，但這種秩序純粹是機械性的，缺乏人類社會中理性的指導。

透過這樣的比較，布豐強調了人類社會的獨特之處：我們不僅依靠本能和感覺，更重要的是依靠理性來建構和維持社會關係。從家庭到更大的社會團體，再到整個文明，人類社會的發展都離不開理性的指引。這種理性不僅展現在個人行為中，也反映在社會制度和文化傳統的形成過程中。

布豐的觀點啟發我們思考：在當今複雜的社會環境中，如何更好地運用理性，建立健康的人際關係和社會結構？這不僅關乎個人的成長，也關係到整個人類文明的進步。透過理性的力量，我們能夠超越本能的局限，創造出更加和諧、公正的社會秩序。

理性：超越動物本能的進化

布豐的自然通史（筆記版）：

從動植物至礦物，再到人類與文明，法國博物學家的生態全書

作　　　者：	[法] 布　豐（Georges-Louis Leclerc, Comte de Buffon）	**國家圖書館出版品預行編目資料**
編　　　譯：	伊莉莎	布豐的自然通史（筆記版）：從動植物至礦物，再到人類與文明，法國博物學家的生態全書 / [法] 布豐(Georges-Louis Leclerc, Comte de Buffon) 著，伊莉莎 編譯. -- 第一版. -- 臺北市：複刻文化事業有限公司, 2025.01
發　行　人：	黃振庭	面；　公分
出　版　者：	複刻文化事業有限公司	筆記版、POD 版
發　行　者：	崧燁文化事業有限公司	譯自：Histoire naturelle, générale et particulière
E-mail：	sonbookservice@gmail.com	ISBN 978-626-7620-51-9(平裝)
粉　絲　頁：	https://www.facebook.com/sonbookss/	1.CST: 自然史 2.CST: 科學
網　　　址：	https://sonbook.net/	300.8　　　　　113020271
地　　　址：	台北市中正區重慶南路一段 61 號 8 樓 8F., No.61, Sec. 1, Chongqing S. Rd., Zhongzheng Dist., Taipei City 100, Taiwan	
電　　　話：	(02)2370-3310	
傳　　　真：	(02)2388-1990	
印　　　刷：	京峯數位服務有限公司	
律師顧問：	廣華律師事務所 張珮琦律師	
定　　　價：	399 元	
發　行　日：	2025 年 01 月第一版	

◎本書以 POD 印製

電子書購買

爽讀 APP　　　臉書